数理统计

MATHEMATICAL STATISTICS

程细玉　程　璟　编著

厦门大学出版社　国家一级出版社
XIAMEN UNIVERSITY PRESS　全国百佳图书出版单位

图书在版编目(CIP)数据

数理统计/程细玉，程璟编著.—厦门:厦门大学出版社,2016.8
ISBN 978-7-5615-6103-4

Ⅰ.①数… Ⅱ.①程… ②程… Ⅲ.①数理统计 Ⅳ.①O212

中国版本图书馆 CIP 数据核字(2016)第 153798 号

出 版 人	蒋东明
责任编辑	陈进才
装帧设计	李嘉彬
责任印制	许克华

出版发行 厦门大学出版社

社　　址	厦门市软件园二期望海路 39 号
邮政编码	361008
总 编 办	0592-2182177　0592-2181406(传真)
营销中心	0592-2184458　0592-2181365
网　　址	http://www.xmupress.com
邮　　箱	xmupress@126.com
印　　刷	厦门市万美兴印刷设计有限公司

开本	720mm×1000mm　1/16
印张	13.5
字数	278 千字
版次	2016 年 8 月第 1 版
印次	2016 年 8 月第 1 次印刷
定价	36.00 元

本书如有印装质量问题请直接寄承印厂调换

厦门大学出版社
微信二维码

厦门大学出版社
微博二维码

内容简介

　　本书以通俗易懂的语言和严密的逻辑推理，介绍了数理统计的基本概念和统计推断的基本方法，力图兼顾应用性及理论性。全书内容包括相关的概率论理论基础，总体、统计量及抽样分布，点估计，区间估计，参数假设检验，分布假设检验以及非参数统计，每章配有相应的思考练习题，最后附上一些常用统计表以备查找使用。

　　本书适合经济管理类硕士生、博士生作为经济计量学、时间序列分析等的基础准备课程教材及参考书，同时可以作为本科应用数学专业及统计学专业的教科书，也可以作为其他相关专业的本科生或研究生教材。

前　言

在将近30年的教学中，笔者深感数理统计是个应用相当广泛的学科，它涵盖了物理学、生物学、医学、经济学、管理学等自然科学与社会科学以及交叉学科的许多方面。由于每个学科对统计学应用的要求不尽相同，故读者在选择适合自己专业的数理统计教学内容学习时会有较大差异。数理统计与一般应用学科的统计学（如体育统计学、卫生统计学、心理统计学、经济统计学、教育统计学）存在着本质的不同。前者是一切统计学的理论基础，它与概率论匹配形成了研究随机现象的逻辑严谨的数学方法学科，具有普遍性的指导意义；后者则是在具体领域针对特定的数据形成自己独特统计推断的应用学科，它往往只是在本专业有着鲜明的应用特色，并不具备普遍性。

笔者从事数量经济学和管理科学工程方面的教学研究已将近30年，主要教学内容涉及可靠性统计、经济计量学、管理统计学、时间序列分析、概率论与数理统计、随机过程，涵盖了专科、本科、硕士、博士层次，专业则主要集中在经济、金融、管理方面。在长期的教学过程中，笔者发现在经济管理类的硕士、博士层面的学习中，学生对定量分析尤其是涉及数理统计方面的定量分析常常难得要领，故我们力图深入浅出地勾勒出数理统计中统计推断的基本思路，使学生能够达到举一反三、触类旁通的效果。

第1章为概率论中一些与数理统计联系特别密切的相关知识，主要内容为数字特征、大数定律及中心极限定理，为后面的矩法估计及大样本理论做铺垫。限于篇幅，并没有把其他的概率论内容包含进来。

第3章的点估计部分中的一致最小方差无偏估计（UMVUE）虽然是数理统计中的重要内容，但在经济模型的参数估计中很难得到，且对于经济管理类的读者属于较难的部分，读者可以根据专业特点自行取舍。

第7章的密度函数估计部分在大部分的数理统计著作中并不是经常出现的，考虑到经济建模中非参数方法是一个重要的部分，本书在非参数统计初步中增加了这部分内容。

　　本书的一大特点是对假设检验进行了深入讨论，分别就参数假设检验、两类错误、分布假设检验、非参数统计假设检验等问题进行细致而详尽的描述。在进行经济模型的建模分析中，其最重要的部分集中在模型的适应性检验、数据性质分类检验、模型参数显著性检验、模型经济意义检验等方面。毫不夸张地说，假设检验贯穿着整个建模过程，对已有的分析结果进行检验或对正在进行的模型进行各种检验是个不可或缺的过程。在经济计量学的学习过程中，就有着许多著名的检验方法（如D-W检验、Wold检验、Granger 检验、ADF检验、Johansen检验、LM检验、Hausmen检验等），本书针对这个特点对假设检验的思想方法进行了系统的阐述，希冀能够对读者有所启迪。此外，由于受篇幅及专业限制，本书对最佳检验的讨论未尽深入，只是通过第二类错误的维度略为涉及，在许多的重要结论中也没有给出仔细而严格的证明（如中心极限定理、大样本情形等）。想要穷究原理的读者，可以参考一些数学专业统计学相关文献资料。

　　至于统计中有着重要地位的回归分析，由于在经济计量学中有更多深入的讨论，故本书没有把此部分内容包括进来。在多年的教学经验中，笔者认为本书的内容适合经济管理类硕士生和博士生作为一个学期的学习，也适合本科数学专业和统计学专业数理统计部分的学习。为了方便读者，在每一章都附有一定的思考练习题并在书后附上常用的统计学专用表供查找。

　　本书的出版得益于华侨大学人文社科基金、华侨大学研究生院教育教学改革项目（16YJG06）、福建省教育厅社会科学研究项目（JA07009S）的资助，谨在此表示感谢。

　　在撰写过程中，虽力图利用浅白的语言来描述统计学的精髓，本着"知其然，知一些所以然"的思想来给出统计推断方法，但鉴于水平有限，漏缺错误之处难免，欢迎各界专家学者、师生提出批评意见和宝贵建议。

编著者

2016年6月

目　录

第1章 相关的概率论理论基础

§1.1 数字特征

虽然随机变量的分布函数能够完整地描述随机变量的统计特征，但在实际的应用分析中，常出现以下情况，如①人们并不需要知道精确的分布函数形式，只需了解随机变量的某些特征；②随机变量的特性决定了它们无法直接比较大小，只能间接地以某些特征进行比较。例如，以X代表任取一个成年美国男子的身高，Y代表任取一个成年中国男子的身高，两个具体的人的身高直接进行比较并不具备普遍的统计意义。又如，以X表示某证券组合的收益率，Y表示另一证券组合的收益率，虽然直接的收益率可以比较，但证券组合的规模及品种甚至每个个体的收益率的差异仍然使收益率的直接比较缺乏统计指导意义。总之，随机变量的主要特性是随机性，即不确定性，且由于随机变量的不确定性的研究主要依赖于随机变量的分布函数，然而在实证研究中，分布函数往往无法精确地确定，故常采用随机变量的某些特征来对其进行刻画。随机变量的这些特征虽然不能充分揭示随机变量的内在特征，但能够在应用上起到重要的作用。这些特征由于往往以数的形式出现，故采用数字特征这个概念，一般指的是数学期望、方差、均方差、矩、相关系数等。

定义 1.1.1 设随机变量X的分布函数为$F(x)$，如果X为连续型随机变量，且密度函数为$f(x)$，则称

$$\int_{-\infty}^{+\infty} x f(x)\, \mathrm{d}x$$

为X的数学期望，记为$E(X)$。如果X为离散型随机变量，其分布律为

$$P\{X = a_i\} = p_i, \quad i = 1,\ 2,\ \cdots,$$

则称

$$\sum_{i=1}^{+\infty} a_i p_i$$

1

为X的数学期望，记为$E(X)$。$E(X)$也可直接称为期望或均值。

例 1.1.1 $X \sim c[-\sqrt{3},\ \sqrt{3}]$（均匀分布），求$E(X)$。

解：依定义

$$E(X) = \int_{-\sqrt{3}}^{\sqrt{3}} x \cdot \frac{1}{2\sqrt{3}}\,\mathrm{d}x = 0。$$

例 1.1.2 $X \sim f(x) = \begin{cases} \frac{1}{2}\mathrm{e}^{-\frac{1}{2}x} & x \geqslant 0 \\ 0 & \text{其他} \end{cases}$，求$E(X)$。

解：

$$\begin{aligned} E(X) &= \int_{0}^{+\infty} x \cdot \frac{1}{2}\mathrm{e}^{-\frac{1}{2}x}\,\mathrm{d}x \\ &= \left(-x\mathrm{e}^{-\frac{1}{2}x}\right)\Big|_{0}^{+\infty} - \int_{0}^{+\infty} 1 \cdot (-\mathrm{e}^{-\frac{1}{2}x})\,\mathrm{d}x = 2。\end{aligned}$$

例 1.1.3 X的分布律为

$$P(X = k) = \frac{\lambda^k}{k!}\mathrm{e}^{-\lambda},\quad k = 0,\ 1,\ 2,\ \cdots,$$

λ为未知参数，求$E(X)$。

解：

$$\begin{aligned} E(X) &= \sum_{k=0}^{+\infty} k \cdot \frac{\lambda^k}{k!}\mathrm{e}^{-\lambda} = \sum_{k=1}^{+\infty} k \cdot \frac{\lambda^k}{k!}\mathrm{e}^{-\lambda} \\ &= \lambda \sum_{k=1}^{+\infty} \frac{\lambda^{k-1}}{(k-1)!}\mathrm{e}^{-\lambda} = \lambda \sum_{k=0}^{+\infty} \frac{\lambda^k}{k!}\mathrm{e}^{-\lambda} = \lambda。\end{aligned}$$

小结：从定义及例子的计算易知，数学期望是随机变量的"平均"。

定义 1.1.2 若随机变量X的密度函数为$f(x)$，则称

$$\int_{-\infty}^{+\infty} x^k f(x)\,\mathrm{d}x$$

为随机变量X的k阶矩，记为$E(X^k)$。同理可定义离散情况下的随机变量X的k阶矩为

$$E(X^k) = \sum_{i=1}^{+\infty} a_i^k p_i。$$

显然，数学期望也是随机变量的一阶矩。

定义 1.1.3 设$g(x)$是实值函数，X为随机变量，其密度为$f(x)$。令$Y = g(X)$，则随机变量Y的数学期望$E(Y)$定义为

$$E(Y) = \int_{-\infty}^{+\infty} g(x)f(x)\,\mathrm{d}x,$$

称为随机变量函数的数学期望。同理可定义离散情况下随机变量X的函数$g(X)$的数学期望为

$$\sum_{i=1}^{+\infty} g(a_i)p_i。$$

定义 1.1.4 若随机变量X的分布函数为$F(X)$，当X为连续型随机变量时，其密度函数为$f(x)$，则称

$$\int_{-\infty}^{\infty} [x - E(X)]^2 f(x)\,\mathrm{d}x$$

为X的方差，记为$D(X)$或$Var(X)$。若X为离散型随机变量，分布律为

$$P\{X = a_i\} = p_i, \quad i = 1,\ 2,\ \cdots,$$

则称

$$\sum_{i=1}^{+\infty} [a_i - E(X)]^2 p_i$$

为X的方差，同样记为$D(X)$或$Var(X)$。

方差可理解为随机变量与均值偏差的平均，如果均值体现了随机变量的"集中"趋势，则方差体现了随机变量的"离散"趋势。根据定义1.1.3，方差$D(X)$其实就是$E[X - E(X)]^2$，且有

$$\begin{aligned}
D(X) &= E\left\{X^2 - 2XE(X) + [E(X)]^2\right\} \\
&= E(X^2) - 2[E(X)]^2 + [E(X)]^2 = E(X)^2 - [E(X)]^2。
\end{aligned}$$

根据定义，对应例1.1.1的X的二阶矩为

$$E(X^2) = \int_{-\sqrt{3}}^{\sqrt{3}} x^2 \cdot \frac{1}{2\sqrt{3}}\,\mathrm{d}x = \frac{1}{2\sqrt{3}} \cdot \frac{1}{3}x^3 \Big|_{-\sqrt{3}}^{\sqrt{3}} = \frac{1}{6\sqrt{3}} \times 3\sqrt{3} \times 2 = 1,$$

故$D(X) = E(X^2) - [E(X)]^2 = 1$。

对应例1.1.2的X的二阶矩为

$$\begin{aligned}
E(X^2) &= \int_0^{+\infty} x^2 \cdot \frac{1}{2}\mathrm{e}^{-\frac{1}{2}x}\,\mathrm{d}x = \left(-x^2\mathrm{e}^{-\frac{1}{2}x}\right)\Big|_0^{+\infty} + \int_0^{+\infty} 2x \cdot \mathrm{e}^{-\frac{1}{2}x}\,\mathrm{d}x \\
&= 4\int_0^{+\infty} x \cdot \left(\frac{1}{2}\mathrm{e}^{-\frac{1}{2}x}\right)\mathrm{d}x = 4 \times 2 = 8,
\end{aligned}$$

故$D(X) = 8 - 2 \times 2 = 4$。

对应例1.1.3的X的二阶矩为

$$E(X^2) = \sum_{k=0}^{+\infty} k^2 \cdot \frac{\lambda^k}{k!} e^{-\lambda} = \sum_{k=1}^{+\infty} k^2 \cdot \frac{\lambda^k}{k!} e^{-\lambda}$$

$$= \sum_{k=1}^{+\infty} k(k-1) \cdot \frac{\lambda^k}{k!} e^{-\lambda} + \sum_{k=1}^{+\infty} k \cdot \frac{\lambda^k}{k!} e^{-\lambda} = \lambda + \sum_{k=2}^{+\infty} k(k-1) \cdot \frac{\lambda^k}{k!} e^{-\lambda}$$

$$= \lambda + \sum_{k=2}^{+\infty} \lambda^2 \cdot \frac{\lambda^{k-2}}{(k-2)!} e^{-\lambda} = \lambda + \lambda^2 \sum_{k=2}^{+\infty} \frac{\lambda^{k-2}}{(k-2)!} e^{-\lambda}$$

$$= \lambda + \lambda^2 \sum_{k=0}^{+\infty} \frac{\lambda^k}{k!} e^{-\lambda} = \lambda + \lambda^2,$$

故$D(X) = \lambda + \lambda^2 - \lambda^2 = \lambda$。

定义 1.1.5 随机变量X的密度函数为$f(x)$，则称

$$\int_{-\infty}^{+\infty} [x - E(X)]^k f(x) \, \mathrm{d}x$$

为X的k阶中心矩，记为$E[X - E(X)]^k$。同理可定义离散情形随机变量的k阶中心矩

$$E[X - E(X)]^k = \sum_{k=1}^{+\infty} [a_i - E(X)]^k p_i。$$

易见，方差为随机变量的二阶中心矩。

例 1.1.4 分别计算标准正态分布的一、二、三、四阶中心矩。

解： 设随机变量X服从标准正态分布，即

$$X \sim f(x) = \frac{1}{\sqrt{2\pi}} e^{-\frac{1}{2}x^2}, \quad -\infty < x < +\infty。$$

显然，由于分布的对称性有

$$E(X) = \int_{-\infty}^{+\infty} xf(x) \, \mathrm{d}x = E(X^3) = \int_{-\infty}^{+\infty} x^3 f(x) \, \mathrm{d}x = 0。$$

又

$$E(X^2) = \frac{1}{\sqrt{2\pi}} \int_{-\infty}^{+\infty} x^2 e^{-\frac{1}{2}x^2} \, \mathrm{d}x = \frac{1}{\sqrt{2\pi}} \int_{-\infty}^{+\infty} (-x)(-xe^{-\frac{1}{2}x^2}) \, \mathrm{d}x$$

$$= \frac{1}{\sqrt{2\pi}} (-x)e^{-\frac{1}{2}x^2} \Big|_{-\infty}^{+\infty} + \frac{1}{\sqrt{2\pi}} \int_{-\infty}^{+\infty} e^{-\frac{1}{2}x^2} \, \mathrm{d}x = 1,$$

$$E(X^4) = \frac{1}{\sqrt{2\pi}} \int_{-\infty}^{+\infty} x^4 e^{-\frac{1}{2}x^2} \, dx = \frac{1}{\sqrt{2\pi}} \int_{-\infty}^{+\infty} (-x^3)(-x e^{-\frac{1}{2}x^2}) \, dx$$

$$= \frac{1}{\sqrt{2\pi}} (-x^3) e^{-\frac{1}{2}x^2} \Big|_{-\infty}^{+\infty} + \frac{3}{\sqrt{2\pi}} \int_{-\infty}^{+\infty} x^2 e^{-\frac{1}{2}x^2} \, dx = 3,$$

且$E(X) = 0$，故标准正态的一、二、三、四阶中心矩分别为0，1，0，3。

应该特别注意，随机变量的矩并不是一定都存在的。

例 1.1.5 随机变量

$$X \sim f(x) = \frac{2}{\pi} \cdot \frac{1}{1+x^2}, \quad 0 < x < +\infty。$$

易知$f(x) > 0$，且

$$\int_0^{+\infty} f(x) \, dx = \frac{2}{\pi} \int_0^{+\infty} \frac{1}{1+x^2} \, dx = 1,$$

故$f(x)$为随机变量的密度函数。但

$$E(X) = \int_0^{+\infty} x \cdot \frac{2}{\pi} \cdot \frac{1}{1+x^2} \, dx = \frac{1}{\pi} \int_0^{+\infty} \frac{d(1+x^2)}{1+x^2}$$

$$= \lim_{A \to +\infty} \frac{1}{\pi} \int_0^A \frac{d(1+x^2)}{1+x^2} = \lim_{A \to +\infty} \frac{1}{\pi} \ln(1+x^2) \Big|_0^A \to \infty,$$

故均值不存在，从而$D(X)$也不存在。

例 1.1.6 随机变量

$$X \sim f(x) = A\left(1 + \frac{x^2}{2}\right)^{-\frac{3}{2}}, \quad A = \frac{\Gamma(\frac{3}{2})}{\sqrt{2\pi}} = \frac{\sqrt{2}}{4}, \quad -\infty < x < +\infty。$$

易知$f(x) > 0$，且$\int_{-\infty}^{+\infty} f(x) \, dx = 1$，

$$E(X) = \int_{-\infty}^{+\infty} x f(x) \, dx = A \int_{-\infty}^{+\infty} \frac{x}{(1+\frac{x^2}{2})^{3/2}} \, dx = 0,$$

但

$$E(X^2) \quad = \quad A \int_{-\infty}^{+\infty} x^2 f(x) \, dx = 2A \int_0^{\infty} \frac{x^2}{(1+x^2/2)^{3/2}} \, dx$$

$$\xrightarrow{\ \text{令} x=\sqrt{2}y\ } \quad 4\sqrt{2}A \int_0^{\infty} \frac{y^2}{(1+y^2)^{3/2}} \, dy,$$

又

$$\int_0^\infty \frac{y^2}{(1+y^2)^{3/2}}\,\mathrm{d}y = \int_0^\infty \frac{1}{(1+y^2)^{1/2}}\,\mathrm{d}y - \int_0^\infty \frac{1}{(1+y^2)^{3/2}}\,\mathrm{d}y,$$

$$\int_0^\infty \frac{1}{(1+y^2)^{3/2}}\,\mathrm{d}y \xlongequal{\Leftrightarrow y=\tan z} \int_0^{\pi/2} \frac{1}{\sec^3 z}\sec^2 z\,\mathrm{d}z = \int_0^{\pi/2} \cos z\,\mathrm{d}z = 1,$$

但

$$\int_0^\infty \frac{1}{(1+y^2)^{1/2}}\,\mathrm{d}y = \int_0^{\pi/2} \frac{1}{\sec z}\sec^2 z\,\mathrm{d}z = \int_0^{\pi/2} \frac{1}{\cos z}\,\mathrm{d}z$$

$$= \ln\tan\left(\frac{z}{2} + \frac{\pi}{4}\right)\Big|_0^{\pi/2} \to +\infty,$$

故X的二阶矩不存在。

对于二维随机变量(X, Y)，可定义相应的数字特征。

定义 1.1.6 给定二维随机变量(X, Y)，$g(x, y)$为二元实值函数，定义随机变量函数$g(X, Y)$的数学期望为

$$E[g(X, Y)] = \int_{-\infty}^{+\infty}\int_{-\infty}^{+\infty} g(x, y)f(x, y)\,\mathrm{d}x\,\mathrm{d}y,$$

其中$f(x, y)$为(X, Y)的联合密度函数。此时，

$$E(X) = \int_{-\infty}^{+\infty}\int_{-\infty}^{+\infty} xf(x, y)\,\mathrm{d}x\,\mathrm{d}y。$$

若(X, Y)的联合分布律为

$$P(X=a_i, Y=b_j) = P_{ij}, \quad i=1, 2, \cdots, \quad j=1, 2, \cdots,$$

则

$$E[g(X, Y)] = \sum_{i=1}^{+\infty}\sum_{j=1}^{+\infty} g(a_i, b_j)P_{ij}。$$

定义 1.1.7 随机变量X与随机变量Y的协方差定义为

$$cov(X, Y) = E\left\{[X - E(X)][Y - E(Y)]\right\},$$

相关系数定义为

$$\rho_{XY} = \frac{cov(X, Y)}{\sqrt{D(X)}\sqrt{D(Y)}}。$$

由定义可知：

$$cov(X, Y) = E(XY) - (EX)(EY),$$

当 $cov(X, Y) = 0$，即

$$E(XY) = (EX)(EY),$$

称 X 与 Y 不相关，此时相关系数也为0。根据定义可知 $|\rho_{XY}| \leqslant 1$。事实上，不妨设 $E(X) = E(Y) = 0$，则 $cov(X, Y) = E(XY)$。考察参数函数

$$Z = E(tX + Y)^2 = t^2 E(X^2) + 2t E(XY) + E(Y^2)。$$

由于 Z 恒非负，故对应关于 t 的一元二次方程的判别式非正，即

$$4[E(XY)]^2 - 4E(X^2)E(Y^2) \leqslant 0,$$

又

$$D(X) = E(X^2), \ D(Y) = E(Y^2),$$

有

$$\frac{E(XY)}{D(X)D(Y)} \leqslant 1,$$

故有 $|\rho_{XY}| \leqslant 1$。相关系数在统计学及经济计量学上有着很重要的实证意义。

对于多维随机变量 $(X_1, X_2, \cdots, X_n)^{\mathrm{T}}$，同样可以定义各种数字特征。但过于繁杂，只定义在实际中比较常用的协方差矩阵。

定义 1.1.8 对于多维随机变量 $(X_1, X_2, \cdots, X_n)^{\mathrm{T}}$，称

$$A = \begin{pmatrix} cov(X_1, X_1) & cov(X_1, X_2) & \cdots & cov(X_1, X_n) \\ cov(X_2, X_1) & cov(X_2, X_2) & \cdots & cov(X_2, X_n) \\ \vdots & \vdots & \ddots & \vdots \\ cov(X_n, X_1) & cov(X_n, X_2) & \cdots & cov(X_n, X_n) \end{pmatrix}$$

为协方差矩阵。

根据定义，则 A 为 n 阶对称方阵，其主对角线元素即为每个随机变量的方差。协方差矩阵在古典线性回归及多元时间序列分析中均有重要的作用。

§1.2　大数定律

在概率论中，我们将概率定义为"频率的极限"，一个事件发生的概率的度量是反复大量试验呈现的某种"稳定"。例如，掷一枚均匀硬币10000次，观察其正、反面出现的次数，如若继续反复试验，可以发现正、反面出现的次数非常接近。又如先观测10万个成年男子的平均身高，再继续观测1万个成年男子的身高，则11万个成年男子的平均身高与10万个成年男子的平均身高差距很小，这种"稳定"就是大数定律的重要背景。

定理 1.2.1 (切比雪夫大数定律) 随机变量X_1，X_2，$\cdots$，X_n相互独立，且数学期望和方差分别相同，即$E(X_i) = \mu$，$D(X_i) = \sigma^2$，$i = 1$，2，$\cdots$，n。令

$$\overline{X} = \frac{1}{n} \sum_{i=1}^{n} X_i,$$

则任意的$\varepsilon > 0$，有

$$\lim_{n \to \infty} P\{|\overline{X} - \mu| > \varepsilon\} = 0$$

或

$$\lim_{n \to \infty} P\{|\overline{X} - \mu| < \varepsilon\} = 1。$$

证明：根据切比雪夫不等式，有

$$P\{|\overline{X} - \mu| > \varepsilon\} \leqslant \frac{D(\overline{X})}{\varepsilon^2} = \frac{\frac{1}{n^2} n \sigma^2}{\varepsilon^2} = \frac{\sigma^2}{n \varepsilon^2},$$

故

$$\lim_{n \to \infty} P\{|\overline{X} - \mu| < \varepsilon\} \leqslant \lim_{n \to \infty} \frac{\sigma^2}{n \varepsilon^2} = 0,$$

即

$$\lim_{n \to \infty} P\{|\overline{X} - \mu| > \varepsilon\} = 0。$$

定理1.2.1虽然不复杂，但蕴含着很多意义。首先$\{|\overline{X} - \mu| > \varepsilon\}$是个随机事件，当$n$较大时，它发生的概率几乎不可能。而$\varepsilon$是个任意正数，如果把$\varepsilon$取得非常小，则该定理表示事件$\overline{X}$与$\mu$距离超过$\varepsilon$几乎不可能。换个角度说，$\overline{X}$与$\mu$应该是非常接近的，也就是说随机变量之间的平均与数学期望非常接近。而随机变量的均值为常数（数字特征），故意味着当n较大时，随机变量的平均稳定于一个常数。但定理的条件要求所有随机变量均值相同，方差也相同，又要相互独立，条件好像过于严苛。这是初学者理解的难点，此问题在数理统计里可得到较好的阐释。

定理 1.2.2 (辛钦大数定律) 随机变量X_1，X_2，$\cdots$，X_n独立同分布，数学期望存在，$E(X_i) = \mu$，$i = 1, 2, \cdots, n$，则对任意$\varepsilon > 0$，有

$$\lim_{n \to +\infty} P\left\{\left|\frac{1}{n}\sum_{i=1}^{n} X_i - \mu\right| < \varepsilon\right\} = 1。$$

（证明略）

注意到辛钦大数定律与切比雪夫大数定律条件的不同是关键，独立同分布意味着所有的k阶（中心）矩都相同，当然前提是（中心）矩必须存在。定理1.2.1不要求同分布，但要求方差存在且相同；定理1.2.2要求同分布，但不要求方差存在，请读者加以注意两者之差别。

§1.3　中心极限定理

中心极限定理是概率论与数理统计中非常重要的一个定理，它描述了许多性质相同或接近的随机变量之和或平均的趋正态性质。由于正态分布有着优良的性质，故中心极限定理可以就许多性质接近的随机变量的趋势和特征进行精确的描述。

定理 1.3.1 设随机变量X_1，X_2，$\cdots$，X_n相互独立，服从同一分布，数学期望和方差存在，$E(X_i) = \mu$，$D(X_i) = \sigma^2$，$i = 1, 2, \cdots, n$，则有

$$\lim_{n \to \infty} P\left\{\frac{\sum_{i=1}^{n} X_i - n\mu}{\sqrt{D\left(\sum_{i=1}^{n} X_i\right)}} \leqslant x\right\} = \lim_{n \to \infty} P\left\{\frac{\sum_{i=1}^{n} X_i - n\mu}{\sqrt{n}\sigma} \leqslant x\right\}$$

$$= \int_{-\infty}^{x} \frac{1}{\sqrt{2\pi}} e^{-t^2/2}\,\mathrm{d}t = \Phi(x)。$$

（证明略）

定理的证明要利用特征函数及进一步的数学知识，有兴趣的读者可参考相关的概率论图书。从定理的结论可以看出，其实质是当n较大时，随机变量之和$\sum_{i=1}^{n} X_i$的标准化

$$\frac{\sum_{i=1}^{n} X_i - E\left(\sum_{i=1}^{n} X_i\right)}{\sqrt{D\left(\sum_{i=1}^{n} X_i\right)}}$$

的分布函数趋于标准正态的分布函数。定理也可写成

$$\lim_{n\to\infty} P\left\{\frac{\overline{X} - \mu}{\sqrt{D(\overline{X})}} \leqslant x\right\} = \Phi(x),$$

其中

$$\overline{X} = \frac{1}{n}\sum_{i=1}^{n} X_i。$$

中心极限定理有很多的形式，如李雅普诺夫中心极限定理、拉普拉斯中心极限定理等，限于篇幅，不多赘述。

细心的读者可以比较一下大数定律和中心极限定理的结论。对于较大的n，在满足定理的条件下，利用大数定律可得到$P\{|\overline{X} - \mu| > \varepsilon\} \to 0$，这意味着随机变量的平均与常数$\mu$非常接近；利用中心极限定理可得到

$$\begin{aligned} P\{|\overline{X} - \mu| > \varepsilon\} &= 1 - P\{|\overline{X} - \mu| \leqslant \varepsilon\} = 1 - P\{-\varepsilon \leqslant \overline{X} - \mu \leqslant \varepsilon\} \\ &= 1 - P\left\{-\frac{\sqrt{n}\varepsilon}{\sigma} \leqslant \frac{\sqrt{n}(\overline{X} - \mu)}{\sigma} \leqslant \frac{\sqrt{n}\varepsilon}{\sigma}\right\} \\ &\approx 1 - \left[\Phi\left(\frac{\sqrt{n}\varepsilon}{\sigma}\right) - \Phi\left(-\frac{\sqrt{n}\varepsilon}{\sigma}\right)\right] = 2\Phi\left(-\frac{\sqrt{n}\varepsilon}{\sigma}\right), \end{aligned}$$

给定ε，n，σ可以得到$P\{|\overline{X} - \mu| > \varepsilon\}$的具体值。可以这么说，大数定律得到的结论是随机变量的平均很接近一个常数；中心极限定理的结论是随机变量的平均有多接近这个常数。这两者的差别是非常大的，显然，中心极限定理所得到的结果要大大优于大数定律。此外，中心极限定理的应用是很广泛的，在大多数的教科书都有大量的例子及习题，这里简单给出几个例子。

例 1.3.1 从一大批出芽率为90%的种子中抽取10000颗种植，问种子发芽数超过8900颗的概率有多少？

解：选取随机变量X_1，X_2，$\cdots$，X_{10000}，令$X_i = \begin{cases} 1 & \text{第}i\text{颗种子发芽} \\ 0 & \text{否则} \end{cases}$（注意：我们并不必要真的对种子编号，只是一个解决问题的技巧），$i = 1$，2，$\cdots$，10000，则X_i的分布为

X_i	0	1
P	0.1	0.9

。

$E(X_i) = 0.9$，$D(X_i) = 0.09$，则所求的概率为

$$P\left\{\sum_{i=1}^{10000} X_i > 8900\right\},$$

依中心极限定理有

$$P\left\{\sum_{i=1}^{10000} X_i \leqslant 8900\right\} = P\left\{\frac{\sum_{i=1}^{10000} X_i - 10000 \times 0.9}{\sqrt{10000 \times 0.09}} \leqslant \frac{8900 - 9000}{30}\right\}$$

$$\approx \Phi\left(-\frac{100}{30}\right),$$

故

$$P\left\{\sum_{i=1}^{10000} X_i > 8900\right\} \approx 1 - \Phi\left(-\frac{100}{30}\right) = \Phi\left(\frac{100}{30}\right) = 0.9996。$$

例 1.3.2 某保险公司分别向A公司（人数1000人）和B公司（人数2000人）提供两种不同险种。A公司险种费率每人每年500元，B公司险种费率每人每年800元。据测算两公司意外事故率分别为1/1000和3/1000，如果个体意外事故赔偿金均为20万元。求

1) 保险公司在两公司获利概率各为多少？

2) 保险公司在B公司获利超A公司的概率为多少？

解：令X_i为保险公司在A公司中第i个人中的获利（$i = 1, 2, \cdots, 1000$），且$X = \sum_{i=1}^{1000} X_i$为保险公司在A公司的总获利；令$Y_j$为保险公司在B 公司中第$j$ 个人中的获利（$j = 1, 2, \cdots, 2000$），且$Y = \sum_{j=1}^{2000} Y_j$为保险公司在B 公司的总获利。

1)由于

$$P(X > 0) = P\left(\sum_{i=1}^{1000} X_i > 0\right),$$

又X_i的分布律为

X_i	500	$500 - 2 \times 10^5$
p_i	$1 - 1/1000$	$1/1000$

故

$$E(X_i) = 500 \times \left(1 - \frac{1}{1000}\right) + (500 - 2 \times 10^5) \times \frac{1}{1000} = 500 - 200 = 300,$$

$$E(X_i^2) = 500^2 \times \left(1 - \frac{1}{1000}\right) + (500 - 2 \times 10^5)^2 \times \frac{1}{1000} = 5 \times 10^4 + 4 \times 10^7,$$

$$D(X_i) = 5 \times 10^4 + 4 \times 10^7 - 300^2 = 4 \times 10^7 - 4 \times 10^4 。$$

依中心极限定理，

$$P(X > 0) = P\left(\frac{\sum\limits_{i=1}^{1000} X_i - 300 \times 1000}{\sqrt{1000 D(X_i)}} > \frac{0 - 300 \times 1000}{\sqrt{1000 D(X_i)}}\right)$$

$$\approx 1 - \Phi\left(-\frac{300 \times 1000}{\sqrt{1000 D(X_i)}}\right) = \Phi\left(\frac{3 \times 10^5}{\sqrt{4 \times 10^{10} - 4 \times 10^7}}\right)$$

$$= \Phi(1.500751) = 0.9333 。$$

由于

$$P(Y > 0) = P\left(\sum_{j=1}^{2000} Y_j > 0\right),$$

且 Y_j 的分布律为

$$\begin{array}{c|cc}
Y_j & 800 & 800 - 2 \times 10^5 \\
\hline
p_j & 1 - 3/1000 & 3/1000
\end{array},$$

故

$$E(Y_j) = 800 \times \left(1 - \frac{3}{1000}\right) + (800 - 2 \times 10^5) \times \frac{3}{1000} = 800 - 600 = 200,$$

$$E(Y_j^2) = 800^2 \times \left(1 - \frac{3}{1000}\right) + (800 - 2 \times 10^5)^2 \times \frac{3}{1000} = 12 \times 10^7 - 32 \times 10^4,$$

$$D(Y_j) = 12 \times 10^7 - 36 \times 10^4 。$$

依中心极限定理，

$$P(Y > 0) = P\left(\frac{\sum\limits_{i=1}^{2000} Y_j - 200 \times 2000}{\sqrt{2000 \times D(Y_j)}} > \frac{0 - 200 \times 2000}{\sqrt{2000 \times D(Y_j)}}\right)$$

$$\approx 1 - \Phi\left(\frac{-4 \times 10^5}{\sqrt{2000 \times D(Y_j)}}\right)$$

$$= \Phi\left(\frac{4 \times 10^5}{\sqrt{2000 \times (12 \times 10^7 - 36 \times 10^4)}}\right)$$

$$\approx \Phi(0.8177) \approx 0.7932。$$

2)所求的概率为$P(Y > X)$。Y的近似分布为正态分布，X的近似分布也为正态分布，由于正态分布的线性性，故$Y - X$的近似分布为正态分布。同时，

$$E(Y - X) = -100,$$

$$D(Y - X) = D(X) + D(Y) = 1000D(X_i) + 2000D(Y_i),$$

且

$$P(Y > X) = P(Y - X > 0) = 1 - P\{Y - X \leqslant 0\},$$

又

$$P\{Y - X \leqslant 0\} = P\left\{\frac{Y - X + 100}{\sqrt{D(X) + D(Y)}} \leqslant \frac{100}{\sqrt{DX + DY}}\right\}$$

$$= \Phi\left(\frac{100}{\sqrt{1000D(X_i) + 2000D(Y_i)}}\right) \approx \Phi(0) = \frac{1}{2},$$

则

$$P(Y > X) \approx \frac{1}{2}。$$

此例最重要的指标显然是两个经测算的意外事故率1/1000及3/1000，这两个指标的获取是通过数理统计的手段得到的。事实上，概率论中分布的概型及未知参数大多是通过统计的方法而确定的。

思考练习题

1. X与Y为独立同分布随机变量，

$$P(X = 1) = P(X = -1) = \frac{1}{2},$$

令 $\xi = \max\{X, Y\}$，$\eta = \min\{X, Y\}$，求 ξ 与 η 的相关系数。

2. 一个系统由60个相互独立起作用的部件组成，每个部件的可靠度为0.95，必须至少有50个部件正常工作系统才能正常运转，问系统的可靠度大约多少？

3. 某地区有3万个居民，每个居民每天最多只看一场电影，且每天看电影的概率为1/100，如果该地区欲设一个电影院，问至少应设多少个座位，使一个观众随机到达影院有座位观看电影的概率超过95%？

4. 某单位有100个办公室均需配固定电话用于联系业务，每部电话通外线的概率为1/20（以每天上班10小时为例，则有30分钟左右与外部通话中），问起码应装几部外线电话使拨通外部电话概率超过90%？

第2章 总体、统计量及抽样分布

在概率论及其相关的基础理论中，我们常遇到这样的假设：已知$X \sim N(\mu, \sigma^2)$或已知$X \sim C[a, b]$；在中心极限定理及大数定律中，诸随机变量X_i既独立，又同分布或数学期望相同、方差相同，这样苛刻的条件易让人们怀疑它的应用范围及应用的可能性。实际上，我们在概率论中碰到的概型或概型中的已知常数（如$N(2, 3^2)$）是怎样来的？随机现象服从某一分布是如何确定的（如指数分布、正态分布、极值分布等）？概率论中并没有回答这些问题，只有数理统计这门学科才能完整地揭示这些问题，但在数理统计的推断中，我们会发现它的基础理论来自概率论。简单地说，概率论中的概型以及未知参数的确定完全来自于数理统计中利用样本对总体进行的统计推断，而数理统计中的统计推断的理论基础为概率论。这个有趣的现象有点像"先有鸡还是先有蛋"的问题，然而我们现在的任务是先把鸡和蛋的性质弄清楚，先后问题并不重要。

§2.1 总体与样本

我们的研究是有指向性的，比如要研究某地区成年男子的身高，以X代表该地区成年男子的身高，则X就是总体。一方面，该地区所有成年男子的身高都是总体的一部分，另一方面，我们并不关心其他指标（除非有另外特别要求），只是想得到X的分布类型以及分布中的参数值，进而研究X的数字特征、特殊概率等实际问题。一种显而易见的办法是：采用某种调查方法，尽可能多地实际了解该地区个体成年男子的身高，然后对资料进行整理、分析、推断。但把该地区所有成年男子的身高资料都搜集起来既不可能也不现实，因为年龄情况一直在变化，且存在着健康、迁移、测量误差等情况，所以我们必须在一定的范围、一定的条件进行适当的调查。我们把这种调查叫作抽样，每个个体资料叫作样本，它来自于特定的总体。总体的定义大体为：所研究的随机现象，带有特定指标的全体。一般地，我们以X代表随

15

现象的特定指标，那么 X 就具备了随机变量的特性，故总体一般记为随机变量 X。例如，以 X 代表某型号发动机寿命，那么所有这种型号发动机都是个体，其指标为寿命，由于条件限制，我们能观察到 n 台个体的寿命，记为 X_1，X_2，$\cdots$，X_n，则它们称为一个容量为 n 的子样，叫作随机样本，简称样本。下面考虑关于样本的两个重要问题。

（一）样本的种类

仍以某型号发动机寿命为例，如果观测到 n 台发动机寿命为

$$X_1,\ X_2,\ \cdots,\ X_n,$$

称其为完全样本；如果观测 n 台发动机的运行，到第 r 台 $(r < n)$ 发动机失效时观测停止，以

$$X_{(1)},\ X_{(2)},\ \cdots,\ X_{(r)}$$

代表前 r 台发动机按先后顺序失效的寿命，则所得到的寿命为定数截尾样本；也可以指定一个固定时间 T，到固定时间 T 后不管有无失效，或失效个数多少，观测停止，所得到的

$$X_{(1)} \leqslant X_{(2)} \leqslant \cdots \leqslant X_{(r)} \leqslant T$$

样本为定时截尾样本；进而可以指定固定时间 T 与固定数目 r，观测进行到 r 台失效或固定时间 T 结束，所得到的样本称为混合截尾样本；定数截尾、定时截尾和混合截尾统称为不完全样本。不完全样本在机械工程、电子元件、土木结构可靠性方面应用较广，而经济学上的样本大都为完全样本。

（二）样本的双重性

样本的双重性指的是样本既可以看成随机变量，也可以看成一个已经实现的数。了解样本的双重性对于理解统计推断有着重要的意义。如果我们指定确定的 n 台发动机进行寿命观测，在没有试验之前，每台发动机寿命均未知，体现了它们的随机性，此时每台发动机寿命服从的分布与总体完全相同，以 X_1，X_2，$\cdots$，X_n 表示。由于每台发动机寿命相互独立，故 X_1，X_2，$\cdots$，X_n 就是独立同分布的 n 个随机变量，也就是大数定律和中心极限定理中的条件，那么大数定律和中心极限定理中看似严格的条件普遍存在于数理统计中的抽样，这也说明了大数定律及中心极限定理对数理统计的重要性。当试验完成后，n 台发动机寿命已经完全确定，记为 x_1，x_2，$\cdots$，x_n，则它们是一个确定的数，看成 X_1，X_2，$\cdots$，X_n 的一个实现。

一般地，对于一个总体X，它的一个完全子样记为X_1，X_2，$\cdots$，X_n，此时诸X_i是相互独立的，同分布于总体的随机变量，每个个体都包含了总体的全部信息（类似于系统论中的"从一滴水可以窥见整个太阳"），一般以独立同分布（identity independent distribution，i.i.d.）样本表示X_1，X_2，$\cdots$，X_n。当样本容量n越大，则对总体X的统计推断信息越充分。而对于i.i.d.样本的一个实现x_1，x_2，$\cdots$，x_n，可以利用它们的值对总体的概型及总体的参数进行统计推断。例如，在大数定律中，我们断定随机变量的平均，即

$$\frac{1}{n}\sum_{i=1}^{n}X_i$$

接近于常数μ，对于总体X的i.i.d.样本X_1，X_2，$\cdots$，X_n，诸X_i相互独立同分布（均值为μ，也是总体的均值μ），很自然地我们认为样本的一个实现

$$\frac{1}{n}\sum_{i=1}^{n}x_i$$

很接近于μ。因此，对于总体未知参数μ，可以通过抽样得到其一个很好的近似为

$$\frac{1}{n}\sum_{i=1}^{n}x_i。$$

§2.2　统计量与抽样分布

数理统计的主要任务是对待研究的总体进行抽样，利用样本进行总体类型的估计、检验，或对已知总体类型的未知参数进行估计、检验，并对估计检验产生的风险进行评估，这些工作统称为统计推断。显然，统计推断必须基于样本，所以，有无样本是概率论与数理统计的分水岭。概率论只关心概型的各种概率及收敛性，而数理统计则基于样本进行推断，推断的依据往往不能简单地基于i.i.d.样本，必须基于由样本构成的某种函数形式（如$\frac{1}{n}\sum_{i=1}^{n}X_i$），这种函数我们称之为统计量。

简单地说，如果研究随机现象而没有样本作为支持，则属于概率论或者随机过程的范畴；如果有样本的存在，则属于数理统计或者随机过程统计的研究范畴。

定义 2.2.1 设X_1，X_2，$\cdots$，X_n为总体X的i.i.d.样本，$g(\cdot)$为n维欧几里得空间R^n上的实值函数且$g(\cdot)$不含任何未知参数，则称$g(X_1$，X_2，$\cdots$，$X_n)$为统计量。

对于总体X及其i.i.d.样本X_1，X_2，$\cdots$，X_n（写成x_1，x_2，$\cdots$，x_n，则为观测

值，下同），常用的几个统计量为

$$\overline{X} = \frac{1}{n} \sum_{i=1}^{n} X_i \ (\text{样本均值});$$

$$S_n^2 = \frac{1}{n} \sum_{i=1}^{n} (X_i - \overline{X})^2 \ (\text{样本方差});$$

$$S_n = \sqrt{S_n^2} = \sqrt{\frac{1}{n} \sum_{i=1}^{n} (X_i - \overline{X})^2} \ (\text{样本标准差});$$

$$A_k = \frac{1}{n} \sum_{i=1}^{n} X_i^k \ (\text{样本}k\text{阶矩});$$

$$B_k = \frac{1}{n} \sum_{i=1}^{n} (X_i - \overline{X})^k \ (\text{样本}k\text{阶中心矩});$$

$$G_3 = \frac{\sqrt{n} \sum\limits_{i=1}^{n} (X_i - \overline{X})^3}{\left[\sum\limits_{i=1}^{n} (X_i - \overline{X})^2 \right]^{3/2}} \ (\text{样本偏度});$$

$$G_4 = \frac{n \sum\limits_{i=1}^{n} (X_i - \overline{X})^4}{\left[\sum\limits_{i=1}^{n} (X_i - \overline{X})^2 \right]^2} - 3 \ (\text{样本峰度}),$$

故样本均值为样本一阶矩，样本方差为样本二阶中心矩。一般而言，统计量的形式或构成都是带有明显意义或趋向性的。

例 2.2.1 （经验分布函数，如图2.1所示）设总体 $X \sim F(x; \theta)$，$x_1, x_2, \cdots, x_n$ 为i.i.d.样本，对其从小到大排序 $x_{(1)} \leqslant x_{(2)} \leqslant \cdots \leqslant x_{(n)}$，其中 $x_{(1)} = \min\limits_{1 \leqslant i \leqslant n} \{x_i\}$，$x_{(n)} = \max\limits_{1 \leqslant i \leqslant n} \{x_i\}$，则称诸 $x_{(i)}$ 为顺序统计量。令

$$F_n(x) = \begin{cases} 0 & x < x_{(1)} \\ k/n & x_{(k)} \leqslant x < x_{(k+1)} \\ 1 & x \geqslant x_{(n)} \end{cases}, \ k = 1, 2, \cdots, (n-1)_\circ$$

很显然，从统计量的定义可知，$F_n(x)$ 也是统计量。由于 $0 \leqslant F_n(x) \leqslant 1$，为单调不减函数，$F_n(x)$ 符合分布函数的性质。$F_n(x)$ 来源于总体 $F(x)$ 的样本，可以证明

$$P\left\{ \lim_{n \to +\infty} \sup_{-\infty < x < +\infty} |F_n(x) - F(x)| = 0 \right\} = 1 \ (\text{Glivenko, 1933})_\circ$$

直观地看，当$n \to +\infty$时，$F_n(x)$与$F(x)$之差的上确界为0是个概率为1的事件，也就是说，当n充分大时，$F_n(x)$与$F(x)$是非常接近的，故称$F_n(x)$为$F(x)$的经验分布函数。

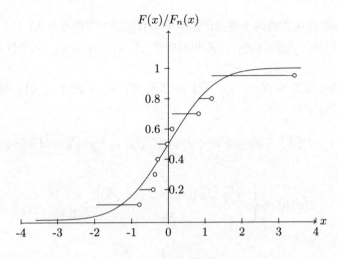

图 2.1　经验分布函数

基于统计量的分布称为抽样分布。由于统计量的构成具有明显的指向性，对不同的研究客体需要不同的统计量，故统计量的抽样分布也呈现多样性。一般而言，有几个较常用的统计量的抽样分布。

（一）χ^2分布

设X_1，X_2，$\cdots$，X_n为来自总体$X \sim N(0, 1)$的i.i.d.样本，则统计量

$$\sum_{i=1}^{n} X_i^2$$

的分布称为χ^2分布，记为$\chi^2(n)$，n称为自由度，自由度的实质表明统计量

$$\chi^2 = \sum_{i=1}^{n} X_i^2$$

是由n个相互独立的标准正态平方和组成。$\chi^2(n)$的密度函数为Γ分布（记为$\Gamma(\alpha, \beta)$）的特例，其参数取值为$\alpha = \frac{n}{2}$，$\beta = 2$。由于$\Gamma(\alpha, \beta)$的密度函数为

$$f(x) = \begin{cases} \frac{1}{\beta^\alpha} \cdot \frac{1}{\Gamma(\alpha)} x^{\alpha-1} e^{-x/\beta} & x > 0 \\ 0 & 其他 \end{cases} \quad (\alpha > 0, \ \beta > 0),$$

则 $\chi^2(n)$ 的密度函数为

$$f(x) = \begin{cases} \frac{1}{2^{n/2}} \cdot \frac{1}{\Gamma(\frac{n}{2})} x^{n/2-1} \mathrm{e}^{-x/2} & x > 0 \\ 0 & \text{其他} \end{cases} 。$$

这个结论的证明依赖两个要点：①单个标准正态平方的分布是 $\Gamma\left(\frac{1}{2}, 2\right)$；②独立的两个 Γ 分布 $\Gamma(\alpha_1, \beta)$ 和 $\Gamma(\alpha_2, \beta)$ 之和的分布为 $\Gamma(\alpha_1 + \alpha_2, \beta)$，这个性质称为 Γ 分布的可加性。

①的证明：设 $X \sim N(0, 1)$，记 $Y = X^2$，$F_Y(y) = P\{Y \leqslant y\}$，显然当 $y < 0$，$F_Y(y) = 0$；当 $y \geqslant 0$，

$$F_Y(y) = P\{X^2 \leqslant y\} = P(-\sqrt{y} \leqslant x \leqslant \sqrt{y}) = F_X(\sqrt{y}) - F_X(-\sqrt{y})。$$

故

$$f_Y(y) = \begin{cases} \frac{1}{2\sqrt{y}} \left[f_X(\sqrt{y}) + f_X(-\sqrt{y}) \right] & y > 0 \\ 0 & \text{其他} \end{cases},$$

将

$$f(x) = \frac{1}{\sqrt{2\pi}} \mathrm{e}^{-\frac{x^2}{2}}$$

代入即得

$$f_Y(y) = \begin{cases} \frac{1}{\sqrt{2\pi}} y^{-1/2} \mathrm{e}^{-y/2} & y > 0 \\ 0 & y \leqslant 0 \end{cases},$$

注意到 $\Gamma(\frac{1}{2}) = \sqrt{\pi}$，结论成立。

②的证明：设 $X_1 \sim \Gamma(\alpha_1, \beta)$，$X_2 \sim \Gamma(\alpha_2, \beta)$，$X_1$ 与 X_2 相互独立。令 $Z = X_1 + X_2$，则

$$F_Z(z) = P(Z \leqslant z) = P(X_1 + X_2 \leqslant z)。$$

当 $z < 0$ 时，$F_Z(z) = 0$；当 $z \geqslant 0$，

$$\begin{aligned} f_Z(z) &= \int_{-\infty}^{+\infty} f_{x_1}(x) f_{x_2}(z - x) \,\mathrm{d}x \quad \text{（卷积定理）} \\ &= A \int_0^z x^{\alpha_1-1} (z - x)^{\alpha_2-1} \,\mathrm{d}x \\ &= \frac{1}{\beta^{\alpha_1+\alpha_2} \Gamma(\alpha_1 + \alpha_2)} z^{\alpha_1+\alpha_2-1} \mathrm{e}^{-x/\beta} \quad \text{（过程略）。} \end{aligned}$$

综合①及②，易知

$$\chi^2 = \sum_{i=1}^n X_i^2 \sim \Gamma\left(\frac{n}{2}, 2\right),$$

且$E(\chi^2) = n$，$D(\chi^2) = 2n$。对于给定的正数$\alpha(0 < \alpha < 1)$，满足

$$P(\chi^2 > c) = \int_c^{+\infty} f(z)\,\mathrm{d}z = \alpha$$

的常数c，记为$\chi^2_\alpha(n)$，称为α的上侧分位值。对于通常的n，可以在不同的α查找其对应的分位值。当n较大时，如果在χ^2分位值表上找不到相应的分位值，可利用近似公式

$$\chi^2_\alpha(n) \approx (z_\alpha + \sqrt{2n-1})^2$$

得到，其中z_α为标准正态分布$N(0，1)$的α上侧分位值。

（二）t分布

若$X \sim N(0,\ 1)$，$Y \sim \chi^2(n)$，且X与Y相互独立。令

$$Z = X \left/ \sqrt{\frac{Y}{n}} \right. ,$$

则称Z服从自由度为n的t分布，记为$Z \sim t(n)$。t分布的密度函数为

$$f(z) = \frac{\Gamma[(n+1)/2]}{\Gamma(n/2)\sqrt{n\pi}}(1 + \frac{z^2}{n})^{-(n+1)/2}, \quad -\infty < z < +\infty。$$

t分布的密度函数如图2.2所示，易知$f(z)$关于$z = 0$对称，且有

$$\lim_{n \to +\infty} f(z) = \frac{1}{\sqrt{2\pi}}\mathrm{e}^{-z^2/2},$$

说明当n较大时，t分布与正态分布十分接近；但当n较小时，t分布与正态分布差别较大。

t分布的出现颇具传奇特色。年轻的酿酒化学技师Gosset大学毕业后在一家酿酒厂从事数据分析工作，当时作为误差分布的正态分布占有绝对的统治地位。当总体服从正态分布时，

$$\frac{\sqrt{n}(\overline{X} - \mu)}{\sigma} \sim N(0,\ 1),$$

但Gosset接触的样本量通常不大，在大量的试验数据的整理分析中，他发现"统计量"

$$\frac{\sqrt{n}(\overline{X} - \mu)}{S}$$

的分布与传统的标准正态分布$N(0,\ 1)$差别很大，不可能是随机误差形成的。通过深入研究，他在1908年以"student"的笔名发表了他的研究成果，因而t分布常常又被

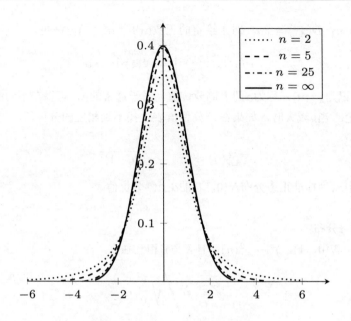

图 2.2　t分布的密度函数示例

称为学生氏分布。t分布的出现在统计学界是个划时代的里程碑，它的应用范围几乎涵盖了统计学涉及的各个领域。

给定正数$\alpha(0 < \alpha < 1)$，对于满足

$$P(Z > c) = \int_c^{+\infty} f(z)\, \mathrm{d}z = \alpha$$

的常数c，称为t分布的上侧α分位值，记为$t_\alpha(n)$（见附5）。由t分布的对称性知道

$$t_{1-\alpha}(n) = -t_\alpha(n),$$

据此可以通过附5中较小α所对应的分位数值得到较大α所对应的分位数值。当n较大时，如果在t分布表查找不到$t_\alpha(n)$，则可利用近似公式$t_\alpha(n) \approx Z_\alpha$得到近似分位值。

（三）F分布

设随机变量X，Y分别服从$\chi^2(m)$及$\chi^2(n)$，X，Y相互独立，则称

$$Z = \frac{X/m}{Y/n}$$

的分布为F分布，记为$F(m, n)$。其密度函数为

$$f(z) = \begin{cases} \frac{\Gamma[(m+n)/2](m/n)^{m/2} z^{(m/2)-1}}{\Gamma(m/2)\Gamma(n/2)(1+mz/n)^{(m+n)/2}} & z > 0 \\ 0 & \text{其他} \end{cases}。$$

F分布的图形如图2.3所示。从F分布的表达式同样可知它有特殊的构造性，由于X与Y分别是$\chi^2(m)$及$\chi^2(n)$，故X与Y大体为m个独立标准正态平方和和n个独立标准正态平方和所组成，X与Y直接的比较会由于m及n取值的差异而失去明显的意义，故采用X/m与Y/n的比例进行分析，该比例通常称为均方比。

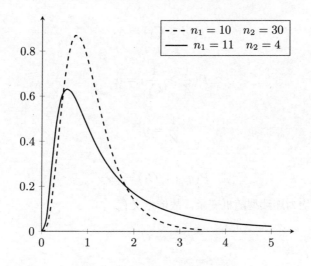

图 2.3　F分布的密度函数示例

给定正数$\alpha(0 < \alpha < 1)$，对于满足

$$P(Z > c) = \int_c^{+\infty} f(z)\,\mathrm{d}z = \alpha$$

的常数c，称为F分布的上侧α分位值，记为$F_\alpha(m, n)$。在查找F分位数表时，同时应注意到一个重要的性质：

$$F_{1-\alpha}(m, n) = \frac{1}{F_\alpha(m, n)}。$$

例如，在常用的F分位值表可知$F_{0.05}(15, 20) = 2.20$，从而可知

$$F_{0.95} = \frac{1}{F_{0.05}(15, 20)} = \frac{1}{2.20} = 0.4545。$$

F分布的这个性质证明如下：

令

$$C_1 = F_{1-\alpha}(m, \ n), \ C_2 = F_\alpha(m, \ n), \ Z = \frac{X/m}{Y/n}, \ \eta = \frac{Y/n}{X/m},$$

则

$$Z \sim F(m, \ n), \ \eta \sim F(n, \ m),$$

C_1，C_2分别满足

$$P(Z > C_1) = 1 - \alpha, \ P(\eta > C_2) = \alpha。$$

显然有

$$P(Z \leqslant C_1) = \alpha,$$

从而

$$P(\frac{1}{Z} \geqslant \frac{1}{C_1}) = \alpha。$$

又

$$\frac{1}{Z} = \eta,$$

故

$$P(\eta \geqslant 1/C_1) = \alpha,$$

因为Z，η均为连续型随机变量，故依定义有

$$\frac{1}{C_1} = C_2,$$

即

$$C_1 = \frac{1}{C_2}。$$

§2.3　正态总体情形的抽样分布

在许多应用场合，总体为正态分布或近似正态分布具有普遍性，所以研究正态总体样本所构成的统计量的分布具有非常重要的意义，本节不做特别说明，都表示总体$X \sim N(\mu, \ \sigma^2)$，$X_1, \ X_2, \ \cdots, \ X_n$为$X$的i.i.d.样本。

定理 2.3.1

$$\frac{\sqrt{n}(\overline{X} - \mu)}{\sigma} \sim N(0, \ 1),$$

其中$\overline{X} = \frac{1}{n} \sum\limits_{i=1}^{n} X_i$。

证明：因为 $X \sim N(\mu,\ \sigma^2)$，故

$$\overline{X} = \frac{1}{n}\sum_{i=1}^{n} X_i$$

也服从正态分布（相互独立的正态分布的线性组合服从正态分布）。又

$$E(\overline{X}) = E\left(\frac{1}{n}\sum_{i=1}^{n} X_i\right) = \frac{1}{n} \times n \times \mu = \mu,$$

$$D(\overline{X}) = D\left(\frac{1}{n}\sum_{i=1}^{n} X_i\right) = \frac{1}{n^2} \times n \times \sigma^2 = \frac{\sigma^2}{n},$$

则

$$\overline{X} \sim N\left(\mu,\ \frac{\sigma^2}{n}\right)$$

从而

$$\frac{\sqrt{n}(\overline{X} - \mu)}{\sigma} \sim N(0,\ 1)。$$

定理 2.3.2 令

$$S^2 = \frac{1}{n-1}\sum_{i=1}^{n}(X_i - \overline{X})^2,$$

则有

1) $\frac{(n-1)S^2}{\sigma^2} \sim \chi^2(n-1)$;

2) $\overline{X}$ 与 S^2 相互独立。

证明：令

$$Z_i = \frac{X_i - \mu}{\sigma},\ i = 1,\ 2,\ \cdots,\ n,$$

则诸 Z_i 相互独立，且 $Z_i \sim N(0,\ 1)$，

$$\overline{Z} = \frac{1}{n}\sum_{i=1}^{n} Z_i = \frac{\overline{X} - \mu}{\sigma},$$

$$\frac{(n-1)S^2}{\sigma^2} = \frac{1}{\sigma^2}\sum_{i=1}^{n}(X_i - \overline{X})^2 = \sum_{i=1}^{n}\left(\frac{X_i - \mu}{\sigma} - \frac{\overline{X} - \mu}{\sigma}\right)^2$$

$$= \sum_{i=1}^{n}(Z_i - \overline{Z})^2 = \sum_{i=1}^{n} Z_i^2 - n\overline{Z}^2。$$

作正交变换 $Y = AZ$，其中 $Z = (Z_1,\ Z_2,\ \cdots,\ Z_n)^{\mathrm{T}}$，$Y = (Y_1,\ Y_2,\ \cdots,\ Y_n)^{\mathrm{T}}$，

$$
A = \begin{pmatrix}
1/\sqrt{2} & -1/\sqrt{2} & 0 & \cdots & 0 \\
1/\sqrt{2 \times 3} & 1/\sqrt{2 \times 3} & -2/\sqrt{2 \times 3} & \cdots & 0 \\
\vdots & \vdots & \vdots & \ddots & \vdots \\
1/\sqrt{n(n-1)} & 1/\sqrt{n(n-1)} & 1/\sqrt{n(n-1)} & \cdots & -(n-1)/\sqrt{n(n-1)} \\
1/\sqrt{n} & 1/\sqrt{n} & 1/\sqrt{n} & \cdots & 1/\sqrt{n}
\end{pmatrix}。
$$

考察 A，每个行向量的模均为1，即

$$
\sum_{j=1}^{n} a_{ij}^2 = 1,\ i = 1,\ 2,\ \cdots,\ n;
$$

任两行向量内积为0，即

$$
\sum_{t=1}^{n} a_{it} a_{jt} = 0,\ (i \neq j),
$$

故 A 为正交变换。根据正交变换性质有

$$
\sum_{i=1}^{n} Y_i^2 = \sum_{i=1}^{n} Z_i^2,
$$

Y_i 也为正态分布，且 $E(Y_i) = 0$，$D(Y_i) = 1$，即

$$
Y_i \sim N(0,\ 1),\ i = 1,\ 2,\ \cdots n。
$$

对于 $i \neq j$，有

$$
E(Y_i Y_j) = 0,\ i,\ j = 1,\ 2,\ \cdots,\ n,
$$

例如

$$
E(Y_1 Y_2) = E\left[(1/\sqrt{2}Z_1 - 1/\sqrt{2}Z_2)(1/\sqrt{2 \times 3}Z_1 + 1/\sqrt{2 \times 3}Z_2 - 2/\sqrt{2 \times 3}Z_3)\right]
$$
$$
= \frac{1}{\sqrt{2 \times 2 \times 3}} - \frac{1}{\sqrt{2 \times 2 \times 3}} = 0\ (\text{其他情形类似，读者可自行验证})。
$$

正态分布的独立性和不相关性等价，故诸 Y_i 也为相互独立的标准正态分布。注意到

$$
Y_n = \frac{1}{\sqrt{n}} \sum_{i=1}^{n} Z_i = \sqrt{n}\bar{Z},
$$

故

$$\frac{(n-1)S^2}{\sigma^2} = \sum_{i=1}^{n} Y_i^2 - Y_n^2 = \sum_{i=1}^{n-1} Y_i^2 \sim \chi^2(n-1)。$$

由 $\sum_{i=1}^{n-1} Y_i^2$ 与 Y_n^2 相互独立，则

$$\frac{(n-1)S^2}{\sigma^2}$$

与 $n\overline{Z}^2$ 相互独立，即 S^2 与 $\overline{X}$ 相互独立，定理得证。

定理 2.3.3

$$\frac{\sqrt{n}(\overline{X} - \mu)}{S} \sim t(n-1)。$$

证明：由定理2.3.1及定理2.3.2得到

$$\xi = \sqrt{n}(\overline{X} - \mu)/\sigma \sim N(0,\ 1),$$

$$\eta = \frac{(n-1)S^2}{\sigma^2} \sim \chi^2(n-1),$$

ξ 与 η 相互独立，从而

$$\xi/\sqrt{\eta/n-1} \sim t(n-1),$$

把 ξ 及 η 的表达式代入即得结论。

定理 2.3.4 $X_1,\ X_2,\ \cdots,\ X_m$ 为来自 $X \sim N(\mu_1,\ \sigma_1^2)$ 的 i.i.d. 样本，$Y_1,\ Y_2,\ \cdots,\ Y_n$ 为来自 $Y \sim N(\mu_2,\ \sigma_2^2)$ 的 i.i.d. 样本，X 与 Y 相互独立。令

$$S_1^2 = \frac{1}{m-1} \sum_{i=1}^{m} X_i^2,\ \ S_2^2 = \frac{1}{n-1} \sum_{j=1}^{n} (Y_j - \overline{Y})^2,$$

则有
1) $\frac{S_1^2}{S_2^2} \cdot \frac{\sigma_2^2}{\sigma_1^2} \sim F(m-1,\ n-1)$;
2) 当 $\sigma_1^2 = \sigma_2^2 = \sigma^2$, 有

$$\frac{(\overline{X} - \overline{Y}) - (\mu_1 - \mu_2)}{S_w \sqrt{\frac{1}{m} + \frac{1}{n}}} \sim t(m+n-2),$$

其中

$$S_w^2 = \frac{(m-1)S_1^2 + (n-1)S_2^2}{m+n-2}。$$

证明：1)由于

$$\frac{(m-1)S_1^2}{\sigma_1^2} \sim \chi^2(m-1), \quad \frac{(n-1)S_2^2}{\sigma_2^2} \sim \chi^2(n-1),$$

且两者相互独立，由F分布的定义知

$$\frac{(m-1)S_1^2/[\sigma_1^2(m-1)]}{(n-1)S_2^2/[\sigma_2^2(n-1)]} = \frac{S_1^2/\sigma_1^2}{S_2^2/\sigma_2^2} \sim F(m-1, \ n-1),$$

即

$$\frac{S_1^2}{S_2^2} \cdot \frac{\sigma_2^2}{\sigma_1^2} \sim F(m-1, \ n-1)。$$

2)当$\sigma_1^2 = \sigma_2^2 = \sigma^2$，有

$$\overline{X} - \overline{Y} \sim N\left(\mu_1 - \mu_2, \ \frac{\sigma^2}{m} + \frac{\sigma^2}{n}\right),$$

故

$$\frac{(\overline{X} - \overline{Y}) - (\mu_1 - \mu_2)}{\sigma\sqrt{\frac{1}{m} + \frac{1}{n}}} \sim N(0, \ 1)。$$

又易知

$$\frac{(m-1)S_1^2}{\sigma^2} + \frac{(n-1)S_2^2}{\sigma^2} \sim \chi^2(m+n-2)（\chi^2分布的独立可加性）。$$

因为X与Y相互独立，故$\overline{X}$分别与S_1^2及S_2^2独立，同理$\overline{Y}$分别与S_1^2及S_2^2独立，从而$\overline{X} - \overline{Y}$也分别与$S_1^2$及$S_2^2$相互独立。由$t$分布的定义知

$$\frac{(\overline{X} - \overline{Y}) - (\mu_1 - \mu_2)}{S_w\sqrt{\frac{1}{m} + \frac{1}{n}}} \sim t(m+n-2)。$$

定理2.3.1至定理2.3.4体现了正态总体样本的重要特性，但严格意义上讲，虽然所得到的分布为抽样分布，但定理中左边的表达式（如$\frac{\sqrt{n}(\overline{X}-\mu)}{S}$）并非统计量，因为表达式里含有未知参数$\mu$或$\sigma^2$等，所以诸定理的证明是构造性的证明，主要是为后面的统计推断做好理论的准备。

思考练习题

1. 随机变量X服从$F(200, 200)$，求$P(X \geqslant 1)$的值。

2. X_1，X_2，$\cdots$，X_n为来自正态总体$N(\mu,~\sigma^2)$的i.i.d.样本。记

$$\overline{X} = \frac{1}{n}\sum_{i=1}^{n}X_i,~S^2 = \frac{1}{n-1}\sum_{i=1}^{n}(X_i - \overline{X})^2。$$

下面几个结论哪些成立，哪些不成立，简要说明理由。

① $\overline{X}$与$\sum\limits_{i=1}^{n}(X_i - \overline{X})^2$相互独立；

② $\overline{X}$与S^2/σ^2 相互独立；

③ $\overline{X}$与$\frac{1}{\sigma^2}\sum\limits_{i=1}^{n}(X_i - \mu)^2$ 相互独立。

3. 正态总体X的期望和方差分别为μ，σ，X_1，X_2，$\cdots$，X_n，X_{n+1}为i.i.d.样本。令

$$A = \frac{1}{n}\sum_{i=1}^{n}X_i,~B^2 = \frac{1}{n}\sum_{i=1}^{n}(X_i - A)^2,~C = X_{n+1},~D^2 = (n-1)/(n+1),$$

求$D(C - A)/B$的抽样分布。

4. 已知X服从$t(n)$，对于任给的$0 < \alpha < 1$，令

$$A = \left\{|X| \geqslant t_{\alpha/2}(n)\right\},~B = \left\{X^2 > F_\alpha(1,~n)\right\},$$

证明：$P(A) = P(B)$。

5. 设总体X服从$F(X)$，X_1，$\cdots$，X_n为i.i.d.样本，$F_n(x)$为经验分布函数，证明

$$E\left[F_n(x)\right] = F(x),~D\left[F_n(x)\right] = \frac{1}{n}F(x)[1 - F(x)]。$$

第3章　点估计

§3.1　基本概念

对于随机总体X，我们一般侧重于研究以下两点：①随机变量X的分布或密度是什么类型；②如果分布类型已知，该类型所对应的未知参数就呈现出什么样的规律。例如，我们要研究某地区成年男子的身高，以X表示某地区成年男子的身高，则X具有明显的随机变量特征。X作为一个总体，我们所关心的是以下问题：①X服从什么样的分布；②如果能够确定X的分布，比如正态$N(\mu,\ \sigma^2)$，则我们应该对μ及σ^2进行某些统计上的推断。很明显，不管是第一个问题还是第二个问题，要研究某地区成年男子的身高，必须观察该地区一些具体的成年男子的身高，即进行抽样，而得到的数据称为样本。关于随机变量分布类型的统计推断留在后面章节讨论，本章假定分布类型已确定，所进行的工作乃是对已知分布类型的未知参数进行"估计"。

假定$X \sim N(\mu,\ \sigma^2)$，X_1，X_2，$\cdots$，X_n为i.i.d.样本，显然未知参数μ及σ^2的信息一定是通过子样传递的。我们可以想象，μ及σ^2的真实取值具有很大的"随意性"，因为不同的样本容量n将呈现一些不同的信息，就如"世界上没有两片完全相同的叶子"，不可能把所有成年男子的身高同时都准确地给出（时间点不同、流动性、测量误差等）。如果μ及σ^2的某个"估计值"不会因为样本容量的改变而发生大的偏倚，并且具有一定的"稳定性"，则这个较稳定的值就是我们依据所抽取的样本所要寻找的"估计"。

一般而言，设总体$X \sim F(x,\ \theta)$，F为分布函数，θ为未知参数（或未知参数向量），所谓的点估计就是通过X的样本X_1，X_2，$\cdots$，X_n（或x_1，x_2，$\cdots$，x_n）来实现。利用某一个适当的统计量$g(X_1,\ X_2,\ \cdots,\ X_n)$（或$g(x_1,\ x_2,\ \cdots,\ x_n)$）来估计未知参数$\theta$，一般记为$\hat{\theta} = g(x_1,\ x_2,\ \cdots,\ x_n)$或直接记为$\hat{\theta}(x_1,\ x_2,\ \cdots,\ x_n)$或$\hat{\theta}$，其中$\hat{\theta}$表示$\theta$的一个估计量。$\hat{\theta}(x_1,\ x_2,\ \cdots,\ x_n)$表示基于样本$x_1$，$x_2$，$\cdots$，$x_n$的估

计量，一般不至于混淆，称$\hat{\theta}$为θ的点估计。由于$\hat{\theta}$完全依赖于样本，故$\hat{\theta}$是一个统计量，它的实际实现值又会随着样本容量的改变而改变。例如，抽取10000名成年男子实际身高x_1，x_2，$\cdots$，x_{10000}，又已知$X \sim N(\mu, \sigma^2)$，对μ的估计值自然地想到

$$\hat{\mu} = \frac{1}{10000} \sum_{i=1}^{10000} X_i,$$

对σ^2的估计值是

$$\hat{\sigma}^2 = \frac{1}{10000} \sum_{i=1}^{10000} (X_i - \hat{\mu})^2。$$

因为$\hat{\mu}$及$\hat{\sigma}^2$分别是样本的均值及方差，而μ及σ^2是总体的均值及方差。但是几个问题必须予以重视：

1)能不能在10000名之内利用部分数据即可？

2)如果该地区有5000000名成年男子，抽取10000名是否足够多，要不要多一些抽取样本？

3)有没有比样本的均值和方差来估计总体的均值和方差"更好"的办法？

§3.2　矩法估计

上节所说，我们在正态总体情形下以样本的均值与方差去估计总计的均值与方差，这种思想就是"矩法估计"的由来。一般而言，如果总体X会有k个未知参数，即$X \sim F(x; \theta_1, \theta_2, \cdots, \theta_k)$，则

$$EX^i = \int_{-\infty}^{+\infty} x^i f(x; \theta_1, \theta_2, \cdots, \theta_k)\,\mathrm{d}x \text{（连续型）或}$$

$$EX^i = \sum_{j=0}^{+\infty} a_j^i p_j \text{（离散型，即X服从分布律$P(X = a_j) = p_j$，$j = 0, 1, 2, \cdots$）。}$$

记

$$\mu_i = EX^i,\ i = 1, 2, \cdots, k,$$

则μ_i为总体X的i阶矩。又设X_1，X_2，$\cdots$，X_n为X_1，X_2，$\cdots$，X_n为i.i.d.样本，令

$$\hat{\mu}_i = \frac{1}{n} \sum_{j=1}^{n} X_j^i,$$

则$\hat{\mu}_i$为样本的i阶矩（$i = 1, 2, \cdots, k$）。又注意到F中含有未知参数$\theta_1, \theta_2, \cdots, \theta_k$，故$\mu_i = \mu_i(\theta_1, \theta_2, \cdots, \theta_k)$。矩法估计的思想就是求解联立方程组

$$\begin{cases} \mu_1(\theta_1, \theta_2, \cdots, \theta_k) = \hat{\mu}_1 \\ \mu_2(\theta_1, \theta_2, \cdots, \theta_k) = \hat{\mu}_2 \\ \vdots \\ \mu_k(\theta_1, \theta_2, \cdots, \theta_k) = \hat{\mu}_k \end{cases},$$

在较为一般的情形下，k个方程k个未知数可以解出依赖于诸x_j的$\hat{\theta}_i$，所得到的估计称为矩法估计量，简称矩法估计（ME）。

例 3.2.1 总体$X \sim N(\mu, \sigma^2)$，$X_1, X_2, \cdots, X_n$为i.i.d. 样本，求μ和σ^2的矩法估计（ME）。

解：因为$EX = \mu$，$EX^2 = \mu^2 + \sigma^2$。利用

$$\begin{cases} \mu = \frac{1}{n} \sum\limits_{i=1}^{n} X_i & \cdots \text{①} \\ \mu^2 + \sigma^2 = \frac{1}{n} \sum\limits_{i=1}^{n} X_i^2 & \cdots \text{②} \end{cases}$$

由①

$$\hat{\mu} = \frac{1}{n} \sum_{i=1}^{n} X_i = \overline{X}$$

代入②，得

$$\sigma^2 = \frac{1}{n} \sum_{i=1}^{n} X_i^2 - (\overline{X})^2 = \frac{1}{n} \sum_{i=1}^{n} (X_i - \overline{X})^2,$$

故

$$\hat{\sigma}^2 = \frac{1}{n} \sum_{i=1}^{n} (X_i - \overline{X})^2。$$

例 3.2.2 设X的总体密度为

$$f(x; \theta_1, \theta_2) = \begin{cases} \frac{1}{\theta_2} e^{-\frac{x - \theta_1}{\theta_2}} & x \geqslant \theta_1 \\ 0 & \text{其他} \end{cases},$$

$X_1, X_2, \cdots X_n$为i.i.d.样本，求θ_1, θ_2的矩法估计。

解:

$$E(X) = \int_{\theta_1}^{+\infty} x \cdot \frac{1}{\theta_2} e^{-\frac{x-\theta_1}{\theta_2}} \, dx \xupdownarrow{x=y+\theta_1} \int_0^{+\infty} (y+\theta_1) \cdot \frac{1}{\theta_2} e^{-\frac{y}{\theta_2}} \, dy$$

$$= \int_0^{+\infty} y \cdot \frac{1}{\theta_2} e^{-\frac{y}{\theta_2}} \, dy \mid \theta_1 \int_0^{+\infty} \frac{1}{\theta_2} e^{-y/\theta_2} \, dy = \theta_2 + \theta_1,$$

$$E(X^2) = \int_{\theta_1}^{+\infty} x^2 \cdot \frac{1}{\theta_2} e^{-\frac{x-\theta_1}{\theta_2}} \, dx = \int_0^{+\infty} (\theta_1 + y)^2 \cdot \frac{1}{\theta_2} e^{-\frac{y}{\theta_2}} \, dy$$

$$= \theta_1^2 \int_0^{+\infty} \frac{1}{\theta_2} e^{-y/\theta_2} \, dy + 2\theta_1 \int_0^{+\infty} y \cdot \frac{1}{\theta_2} e^{-y/\theta_2} + \int_0^{+\infty} y^2 \cdot \frac{1}{\theta_2} e^{-y/\theta_2} \, dy$$

$$= \theta_1^2 + 2\theta_1\theta_2 + 2\theta_2^2 。$$

在

$$\begin{cases} \theta_1 + \theta_2 = \overline{X} & \cdots \text{①} \\ 2\theta_2^2 + 2\theta_1\theta_2 + \theta_1^2 = \frac{1}{n}\sum_{i=1}^n X_i^2 & \cdots \text{②} \end{cases}$$

中，由①得$\theta_1 = \overline{X} - \theta_2$，代入②，得

$$2\theta_2^2 + 2(\overline{X} - \theta_2) \cdot \theta_2 + (\overline{X} - \theta_2)^2 = \hat{\mu}_2$$

$$\Rightarrow \quad 2\theta_2^2 + 2\overline{X}\theta_2 - 2\theta_2^2 + \overline{X}^2 - 2\theta\overline{X} + \theta_2^2 = \hat{\mu}_2$$

$$\Rightarrow \quad \theta_2^2 = \hat{\mu}_2 - \overline{X}^2 = \frac{1}{n}\sum_{i=1}^n X_i^2 - \overline{X}^2 = \frac{1}{n}\sum_{i=1}^n (X_i - \overline{X})^2,$$

故取

$$\hat{\theta}_2 = \sqrt{\frac{1}{n}\sum_{i=1}^n (X_i - \overline{X})^2}, \quad \hat{\theta}_1 = \overline{X} - \hat{\theta}_2 = \overline{X} - \sqrt{\frac{1}{n}\sum_{i=1}^n (X_i - \overline{X})^2} 。$$

例如$n = 25$，$\sum_{i=1}^{25} X_i = 100$，$\sum_{i=1}^{25} X_i^2 = 500$，则有，$\overline{X} = 4$，

$$\hat{\theta}_2 = \sqrt{\frac{1}{25} \times 500 - 4^2} = 2, \quad \hat{\theta}_1 = \overline{X} - \hat{\theta}_2 = 2 。$$

　　矩法估计的基本思想就是以样本的k阶矩去估计总体的k阶矩，当然也可以由样本的k阶中心矩$\frac{1}{n}\sum_{i=1}^n (X_i - \overline{X})^k$去估计总体的$k$阶中心矩$E(X - EX)^k$，得到的结果也是矩法估计。

例 3.2.3 设总体

$$X \sim p(\lambda) = \frac{\lambda^k}{k!} \mathrm{e}^{-\lambda}, \quad k = 0, 1, 2, \cdots,$$

$X_1, X_2, \cdots, X_n$为i.i.d.样本，求未知参数λ的矩法估计。

解：方法一　由$EX = \lambda$，得$\lambda = \frac{1}{n} \sum\limits_{i=1}^{n} X_i$，即得

$$\hat{\lambda}_1 = \frac{1}{n} \sum_{i=1}^{n} X_i = \overline{X}。$$

方法二　由$EX^2 = \lambda + \lambda^2$，即得

$$\lambda^2 + \lambda = \hat{\mu}_2 = \frac{1}{n} \sum_{i=1}^{n} X_i^2,$$

即$\lambda^2 + \lambda - \hat{\mu}_2 = 0$。由于$\lambda > 0$，得

$$\hat{\lambda}_2 = \frac{-1 + \sqrt{4\hat{\mu}_2 + 1}}{2} = \sqrt{\frac{1}{n} \sum_{i=1}^{n} X_i^2 + \frac{1}{4}} - \frac{1}{2}。$$

方法三　由$DX = \lambda$，即得

$$\lambda = \frac{1}{n} \sum_{i=1}^{n} (X_i - \overline{X})^2,$$

即以样本的二阶中心矩估计总体的二阶中心矩，故

$$\hat{\lambda}_3 = \frac{1}{n} \sum_{i=1}^{n} (X_i - \overline{X})^2。$$

例3.2.3说明矩法估计并不一定是唯一的，这说明了下面章节讨论估计量优良性的必要性。

§3.3　极大似然估计

极大似然估计最早由数学家高斯（Gauss）提出，后来由波兰数学家费歇尔（Fisher）重新提出并说明了它的一些重要性质，极大似然估计的名称也是由Fisher给出的。以下以几个简单的例子来说明。

例 3.3.1 已知盒子里装有3只球，且球的颜色只有红、黑两种，现随机从盒子里抽取一球，得到红球。问：原来盒子里红、黑球各有几只？

这个例子虽然简单，但却蕴含了丰富的数理统计思想。如果以X表示：任从盒子抽取一只球，若出现红球记为1，黑球记为0，则X为两点分布，其分布律为

$$\begin{array}{c|cc} X & 0 & 1 \\ \hline P & p & q \end{array},$$

其中$q = 1 - p$。现在要对两点分布的未知参数p进行估计，很明显p的取值只有两个值，$p = \frac{1}{3}$或$p = \frac{2}{3}$，则对应的$q = \frac{2}{3}$或$q = \frac{1}{3}$。现抽取一球得到红球，我们更倾向于盒子里应该是有两个红球（$q = 2/3$，当然这种估计是有可能出现错误的）。

例 3.3.2 已知X的分布律为

$$\begin{array}{c|ccc} X & 1 & 2 & 3 \\ \hline P & \theta_1 & \theta_2 & 1 - \theta_1 - \theta_2 \end{array}。$$

现从总体X中抽取5个子样得到1，1，2，2，3，试估计θ_1，θ_2。

极大似然估计的思想是：为什么抽取5个样本会得到这样的结果而不是别的结果。θ_1及θ_2的取值决定了总体的概型，然后影响了抽样的最终结果。我们设想一下，在没有抽样之前，如果提出这样的问题：从总体X中抽取5个样本，结果得到1，1，2，2，3的概率有多大？易知

$$P(X_1 = 1,\ X_2 = 1,\ X_3 = 2,\ X_4 = 2,\ X_5 = 3)$$

即为所求的概率，记为L，则

$$\begin{aligned} L &= P\{X_1 = 1\}P\{X_2 = 1\}P\{X_3 = 2\}P\{X_4 = 2\}P\{X_5 = 3\} \\ &= \theta_1\theta_1\theta_2\theta_2(1 - \theta_1 - \theta_2) = \theta_1^2\theta_2^2(1 - \theta_1 - \theta_2)。\end{aligned}$$

现在经过抽样确实得到最终结果，一个很明显的推断是θ_1及θ_2的取值应使L达到最大。由

$$\frac{\partial L}{\partial \theta_1} = 0 \Rightarrow 2 - 3\theta_1 - 2\theta_2 = 0\ (\theta_1,\ \theta_2 \neq 0),$$

由

$$\frac{\partial L}{\partial \theta_2} = 0 \Rightarrow 2 - 2\theta_1 - 3\theta_2 = 0,$$

联立即得

$$\hat{\theta}_1 = \hat{\theta}_2 = \frac{2}{5}。$$

例3.3.1及例3.3.2把极大似然估计的思想大概归纳为：总体未知参数θ的取值应该使已经发生的事件（抽样结果）在未发生时即将发生的概率达到最大。

对于离散型随机变量 X，设其分布律为 $P\{x,\ \theta\}$，抽样结果为 x_1，x_2，$\cdots$，x_n，则此结果发生的概率为

$$P\{X_1 = x_1,\ X_2 = x_2,\ \cdots,\ X_n = x_n\} = \prod_{i=1}^{n} P\{x_i,\ \theta\},$$

记为 $L(\theta)$，称为似然函数。

例 3.3.3 设总体

$$X \sim P(\lambda) = \frac{\lambda^k}{k!}\mathrm{e}^{-\lambda},\ k = 0,\ 1,\ 2,\ \cdots,$$

X_1，X_2，$\cdots$，X_n 为 i.i.d. 样本，求 λ 的极大似然估计（MLE）。

解：似然函数

$$\begin{aligned}
L(x_1,\ x_2,\ \cdots,\ x_n;\ \lambda) &= P\{X_1 = x_1,\ X_2 = x_2,\ \cdots,\ X_n = x_n\} \\
&= P\{X_1 = x_1\}P\{X_2 = x_2\}\cdots P\{X_n = x_n\} \\
&= \left(\frac{\lambda^{x_1}}{x_1!}\mathrm{e}^{-\lambda}\right)\left(\frac{\lambda^{x_2}}{x_2!}\mathrm{e}^{-\lambda}\right)\cdots\left(\frac{\lambda^{x_n}}{x_n!}\mathrm{e}^{-\lambda}\right) \\
&= \frac{\lambda^{\sum\limits_{i=1}^{n} x_i}}{x_1! x_2! \cdots x_n!}\mathrm{e}^{-n\lambda}。
\end{aligned}$$

习惯上，由于许多分布具有指数特征（指数族分布），且 L 的最大值点等价于 $\ln L$ 的最大值点，因此出于数学上处理的方便，经常把似然函数 L 的最大化问题转化为对数似然函数，即似然函数的对数 $\ln L$ 的最大化问题。又 $x_1! x_2! \cdots x_n!$ 对于 L 最大值是常数效应，故在推导过程中常以常数 C 取代（这种简便方法具有普遍性，下同），则

$$\ln L = C + (\ln \lambda)\sum_{i=1}^{n} x_i - n\lambda。$$

由

$$\frac{\mathrm{d}(\ln L)}{\mathrm{d}\lambda} = \frac{1}{\lambda}\sum_{i=1}^{n} x_i - n = 0 \Rightarrow \lambda = \frac{1}{n}\sum_{i=1}^{n} x_i,$$

且

$$\frac{\mathrm{d}^2(\ln L)}{\mathrm{d}\lambda^2} = -\frac{1}{\lambda^2}\sum_{i=1}^{n} x_i < 0,$$

故

$$\lambda = \frac{1}{n}\sum_{i=1}^{n} x_i$$

使得似然函数达到最大值，即λ的极大似然估计为

$$\hat{\lambda} = \frac{1}{n} \sum_{i=1}^{n} x_i = \overline{x}。$$

对于连续型随机变量$X \sim f(x, \theta)$，X_1，$\cdots$，X_n为i.i.d.样本，此时

$$P(X_1 = x_1, \ X_2 = x_2, \ \cdots, \ X_n = x_n)$$

的概率为0（连续型随机变量取单点值概率为0），故如果沿用离散型情形则毫无意义，此时对于事件$P\{X = x_1\}$，如果从"测不准"原理来看，x_1的观测值可能会有一些"误差"，我们无法百分之百地肯定观测值是准确的x，则退而求其次地认为其实真实的x_1应该是落在一个非常小的区间里$(x_1 - \triangle x_1/2, \ x_1 + \triangle x_1/2)$，其中$\triangle x_1$为非常小的常数，即以

$$\left\{ x_1 - \frac{\triangle x_1}{2} < X_1 \leqslant x_1 + \frac{\triangle x_1}{2} \right\}$$

这个事件来替代$\{X_1 = x_1\}$这个事件，故似然函数为

$$L(x_1, \ x_2, \ \cdots, \ x_n; \ \theta)$$
$$= P\left\{ x_1 - \frac{\triangle x_1}{2} \leqslant X_1 \leqslant x_1 + \frac{\triangle x_1}{2} \right\} P\left\{ x_2 - \frac{\triangle x_2}{2} \leqslant X_2 \leqslant x_2 + \frac{\triangle x_2}{2} \right\} \cdots$$
$$P\left\{ x_n - \frac{\triangle x_n}{2} \leqslant X_n \leqslant x_n + \frac{\triangle x_n}{2} \right\}$$
$$= \left[\int_{x_1 - \frac{\triangle x_1}{2}}^{x_1 + \frac{\triangle x_1}{2}} f(x, \ \theta) \, \mathrm{d}x \right] \left[\int_{x_2 - \frac{\triangle x_2}{2}}^{x_2 + \frac{\triangle x_2}{2}} f(x, \ \theta) \, \mathrm{d}x \right] \cdots \left[\int_{x_n - \frac{\triangle x_n}{2}}^{x_n + \frac{\triangle x_n}{2}} f(x, \ \theta) \, \mathrm{d}x \right]。$$

取$\triangle x_1$，$\triangle x_2$，$\cdots$，$\triangle x_n$为较小的常数，利用中值定理有

$$L(x_1, \ x_2, \ \cdots, \ x_n; \ \theta) \approx f(x_1, \ \theta) f(x_2, \ \theta) \cdots f(x_n, \ \theta) \triangle x_1 \triangle x_2 \cdots \triangle x_n,$$

则θ使L达到最大值等价于使$f(x_1, \ \theta) f(x_2, \ \theta) \cdots f(x_n, \ \theta)$达到最大值。

同样把$\prod\limits_{i=1}^{n} f(x_i, \ \theta)$称为似然函数，记

$$L(x_1, \ x_2, \ \cdots, \ x_n; \ \theta) = \prod_{i=1}^{n} f(x_i, \ \theta)。$$

例 3.3.4 已知

$$X \sim f(x, \ \theta) = \begin{cases} \frac{1}{\theta} \mathrm{e}^{-x/\theta} & x \geqslant 0 \\ 0 & x < 0 \end{cases},$$

求θ的极大似然估计。

解：似然函数

$$L = \frac{1}{\theta^n} \exp\left\{-\frac{1}{\theta}\sum_{i=1}^n x_i\right\}, \quad x_i \geqslant 0, \quad \theta > 0,$$

因而

$$\ln L = -n\ln\theta - \frac{1}{\theta}\sum_{i=1}^n x_i。$$

由

$$\frac{\mathrm{d}(\ln L)}{\mathrm{d}\theta} = -\frac{n}{\theta} + \frac{1}{\theta^2}\sum_{i=1}^n x_i = 0,$$

$$\Rightarrow \theta = \frac{1}{n}\sum_{i=1}^n x_i \Rightarrow \hat{\theta} = \frac{1}{n}\sum_{i=1}^n x_i = \overline{x}。$$

例 3.3.5 已知 $X \sim N(\mu, \sigma^2)$，$X_1, X_2, \cdots, X_n$ 为 i.i.d. 样本，求 μ 及 σ^2 的极大似然估计。

解：由于

$$f(x; \mu, \sigma^2) = \frac{1}{\sqrt{2\pi}\sigma}\exp\left\{-\frac{1}{2}\left(\frac{x-\mu}{\sigma}\right)^2\right\},$$

得

$$L = \frac{1}{(2\pi)^{\frac{n}{2}}}(\sigma^2)^{-\frac{n}{2}}\exp\left\{-\frac{1}{2\sigma^2}\sum_{i=1}^n(x_i-\mu)^2\right\},$$

从而

$$\ln L = C + \left(-\frac{n}{2}\right)\ln\sigma^2 - \frac{1}{2\sigma^2}\sum_{i=1}^n(x_i-\mu)^2。$$

由

$$\frac{\partial(\ln L)}{\partial\sigma^2} = -\frac{n}{2}\cdot\frac{1}{\sigma^2} + \frac{1}{2(\sigma^2)^2}\sum_{i=1}^n(x_i-\mu)^2 = 0,$$

$$\Rightarrow \sigma^2 = \frac{1}{n}\sum_{i=1}^n(x_i-\mu)^2 \cdots ①。$$

由

$$\frac{\partial(\ln L)}{\partial\mu} = -\frac{1}{2\sigma^2}\cdot 2\sum_{i=1}^n(x_i-\mu)\cdot(-1) = 0,$$

$$\Rightarrow \sum_{i=1}^n(x_i-\mu) = 0 \Rightarrow \mu = \frac{1}{n}\sum_{i=1}^n x_i \cdots ②。$$

由②

$$\hat{\mu} = \frac{1}{n} \sum_{i=1}^{n} x_i,$$

代入①得

$$\hat{\sigma}^2 = \frac{1}{n} \sum_{i=1}^{n} (x_i - \overline{x})^2。$$

在例3.3.4及例3.3.5中，我们并没有验算二阶导数条件。由于似然函数的驻点都有二阶导数（如果其存在）小于0的特性，故此环节经常被省略。

例 3.3.6 已知

$$X \sim f(x; \theta_1, \theta_2) = \begin{cases} \frac{1}{\theta_2 - \theta_1} & \theta_1 \leqslant x \leqslant \theta_2 \\ 0 & \text{其他} \end{cases},$$

$X_1, X_2, \cdots, X_n$ 为i.i.d.样本，求 θ_1, θ_2 的极大似然估计。

解：似然函数

$$L(x_1, x_2, \cdots, x_n; \theta_1, \theta_2) = \begin{cases} \left(\frac{1}{\theta_2 - \theta_1}\right)^n & \theta_1 \leqslant x_i < \theta_2, \ i = 1, 2, \cdots, n \\ 0 & \text{其他} \end{cases}。$$

易知由

$$\frac{\partial L}{\partial \theta_1} = \frac{\partial L}{\partial \theta_2} = 0$$

并不能得到驻点，观察

$$\frac{1}{(\theta_2 - \theta_1)^n},$$

要使此值达到最大，则分母应最小，且 $\theta_1 < \theta_2$，可知 θ_2 越小越好，θ_1 应越大越好。又

$$\theta_1 \leqslant x_i \leqslant \theta_2, \ i = 1, 2, \cdots, n,$$

则可得

$$\theta_2 = \max_{1 \leqslant i \leqslant n} \{x_i\}, \ \theta_1 = \min_{1 \leqslant i \leqslant n} \{x_i\},$$

故

$$\hat{\theta}_1 = x_{(1)}, \ \hat{\theta}_2 = x_{(n)}。$$

这个例子说明一个现象，似然函数求导后不一定都能得到驻点解，这时应该直接从似然函数的最大化去寻找适当的估计值。

例 3.3.7 已知

$$X \sim f(x, \theta) = \begin{cases} 1 & \theta - \frac{1}{2} \leqslant x \leqslant \theta + \frac{1}{2} \\ 0 & \text{其他} \end{cases},$$

$X_1, X_2, \cdots, X_n$为i.i.d.样本，求θ的极大似然估计。

解：似然函数

$$L(x_1, x_2, \cdots, x_n; \theta) = \begin{cases} 1 & \theta - \frac{1}{2} \leqslant x_i \leqslant \theta + \frac{1}{2}, \ i = 1, 2, \cdots, n \\ 0 & \text{其他} \end{cases}。$$

要使L达到最大，必须$x_i - \frac{1}{2} \leqslant \theta$，故$\theta$起码要满足

$$\hat{\theta} \geqslant \max\{x_i\} - \frac{1}{2}。$$

此外由于$x_i + \frac{1}{2} \geqslant \theta$，故$\theta$最多只能取

$$\min\{x_i\} + \frac{1}{2},$$

故对于满足

$$\min\{x_i\} + \frac{1}{2} \leqslant \theta \leqslant \max\{x_i\} - \frac{1}{2}$$

的所有$\hat{\theta}$均为θ的极大似然估计，此例说明极大似然估计不一定唯一。

极大似然估计还有一个非常重要的性质：如果$\hat{\theta}$是θ的极大似然估计，则$g(\hat{\theta})$也是$g(\theta)$的极大似然估计，其中$g(\theta)$为实值连续函数。

例 3.3.8 设$X \sim N(\mu, \sigma^2)$，$X_1, X_2, \cdots, X_n$为i.i.d.样本，求$\theta = P(X > 2)$的极大似然估计。

解：由于

$$\theta = P(X > 2) = 1 - P(X \leqslant 2) = 1 - \Phi\left(\frac{X - \mu}{\sigma} \leqslant \frac{2 - \mu}{\sigma}\right) = 1 - \Phi\left(\frac{2 - \mu}{\sigma}\right),$$

故θ的极大似然估计为

$$\hat{\theta} = 1 - \Phi\left(\frac{2 - \overline{x}}{S_n}\right),$$

其中

$$\overline{x} = \frac{1}{n}\sum_{i=1}^{n} x_i, \ S_n^2 = \frac{1}{n}\sum_{i=1}^{n}(x_i - \overline{x})^2。$$

例 3.3.9 设

$$X \sim f(x) = \frac{1}{\sqrt{2\pi}\sigma x} \exp\left\{-\frac{1}{2\sigma^2}(\ln x - \mu)^2\right\}, \quad x > 0,$$

X_1, X_2, $\cdots$, X_n为i.i.d.样本。求未知参数μ及σ^2 的极大似然估计。

解： X服从对数正态分布，则$Y = \ln X \sim N(\mu, \sigma^2)$。故令$Y_i = \ln X_i$，则$Y_i$可看成从总体$Y \sim N(\mu, \sigma^2)$抽取的i.i.d.样本。因此

$$\hat{\mu} = \frac{1}{n}\sum_{i=1}^{n} Y_i = \frac{1}{n}\sum_{i=1}^{n} \ln X_i,$$

$$\hat{\sigma}^2 = \frac{1}{n}\sum_{i=1}^{n}(Y_i - \overline{Y})^2 = \frac{1}{n}\sum_{i=1}^{n}\left(\ln X_i - \frac{1}{n}\sum_{j=1}^{n}\ln X_j\right)^2$$

分别为μ及σ^2的极大似然估计。

例 3.3.10 某电子元件寿命服从指数分布

$$X \sim f(x) = \frac{1}{\theta}\mathrm{e}^{-x/\theta}, \quad x > 0, \quad \theta > 0,$$

随机选取n个电子元件，观测电子元件依先后顺序失效时间（截止第r个停止观测试验）为

$$x_{(1)} \leqslant x_{(2)} \leqslant \cdots \leqslant x_{(r)},$$

求θ的极大似然估计（$r < n$）。

解： 本例的样本并不是i.i.d.样本，所选取的n 个电子元件有r个失效，另有$n-r$个尚未失效，此种样本称为定数截尾样本（另还有定时截尾样本及混合截尾样本）。按照极大似然估计的思想，对应的似然函数为

$$L = \left[\frac{1}{\theta}\left(\mathrm{e}^{-x_{(1)}/\theta}\right) \cdot \frac{1}{\theta}\left(\mathrm{e}^{-x_{(2)}/\theta}\right) \cdots \frac{1}{\theta}\left(\mathrm{e}^{-x_{(r)}/\theta}\right)\right]\left\{P[X > x_{(r)}]\right\}^{n-r},$$

L的前半部分描述已经失效的r个部件的似然函数，后半部分表示另外$n-r$个元件的寿命皆超过$x_{(r)}$。由

$$L = \frac{1}{\theta^r}\mathrm{e}^{-\frac{1}{\theta}\sum_{i=1}^{r} x_{(i)}}\mathrm{e}^{-(n-r)x_{(r)}/\theta}$$

$$= \frac{1}{\theta^r}\exp\left\{-\frac{1}{\theta}\left[\sum_{i=1}^{r} x_{(i)} + (n-r)x_{(r)}\right]\right\},$$

得

$$\ln L = -r\ln\theta - \frac{1}{\theta}\left[\sum_{i=1}^{r} x_{(i)} + (n-r)x_{(r)}\right]。$$

由

$$\frac{\mathrm{d}(\ln L)}{\mathrm{d}\theta} = 0 \Longrightarrow -\frac{r}{\theta} + \frac{1}{\theta^2}S_r = 0,$$

则

$$\hat{\theta} = \frac{1}{r}S_r,$$

其中

$$S_r = \sum_{i=1}^{r} x_{(i)} + (n-r)x_{(r)}$$

称为总试验时间。例如$n=10$，$r=3$，$x_{(1)}=100$，$x_{(2)}=200$，$x_{(3)}=300$，则

$$\hat{\theta} = \frac{1}{3} \times [100 + 200 + 300 + 7 \times 300] = 900。$$

§3.4　估计量的优良性

在§3.2及§3.3中，我们得到了矩法估计及极大似然估计（都不一定唯一），在数理统计中还有其他许多的估计（线性估计、一致最小方差无偏估计等），那么讨论估计量的"优劣"问题成为必然。

（一）无偏性

对于总体的未知参数θ，得到其一个估计值$\hat{\theta}(x_1, x_2, \cdots, x_n)$，显然$\hat{\theta}$是个统计量。根据统计量的双重性，则$\hat{\theta}$也是一个随机变量，对其求数学期望$E(\hat{\theta})$，由于样本的分布与总体一样，得到的$E(\hat{\theta})$也应该会有未知参数$\theta$。一个令人好奇的直觉是：$E(\hat{\theta})$会不会等于$\theta$，也就是说，$\hat{\theta}$作为$\theta$的一个估计值，对其再求平均是不是应该为$\theta$本身？这就是无偏性定义的来源。

定义 3.4.1 无偏性：对于总体的未知参数θ，如果其估计量$\hat{\theta}$满足$E(\hat{\theta}) = \theta$，则称$\hat{\theta}$为θ的无偏估计量，简称无偏估计。该性质称为无偏性。

例 3.4.1 总体$X \sim N(\mu, \sigma^2)$，$X_1, X_2, \cdots, X_n$为i.i.d.样本，试考察

$$\hat{\mu} = \overline{X}$$

及

$$\hat{\sigma}^2 = \frac{1}{n}\sum_{i=1}^{n}(X_i - \overline{X})^2$$

的无偏性。

解：由于

$$E(\hat{\mu}) = E\left(\frac{1}{n}\sum_{i=1}^{n}X_i\right) = \frac{1}{n}nE(X) = \mu,$$

故$\overline{X}$为μ的无偏估计。由

$$E(\hat{\sigma}^2) = \frac{1}{n}E\left[\sum_{i=1}^{n}(X_i - \overline{X})^2\right] = \frac{1}{n}E\left(\sum_{i=1}^{n}X_i^2 - n\overline{X}^2\right)$$

$$= \frac{1}{n}\left[\sum_{i=1}^{n}E(X_i^2) - nE(\overline{X}^2)\right] = \frac{1}{n}nE(X^2) - (E\overline{X}^2)$$

$$= \mu^2 + \sigma^2 - E(\overline{X}^2),$$

又

$$E(\overline{X}^2) = (E\overline{X})^2 + (D\overline{X}) = \mu^2 + \frac{1}{n}\sigma^2,$$

得

$$E(\hat{\sigma}^2) = \mu^2 + \sigma^2 - \mu^2 - \frac{1}{n}\sigma^2 = \frac{n-1}{n}\sigma^2 \neq \sigma^2。$$

故

$$\hat{\sigma}^2 = \frac{1}{n}\sum_{i=1}^{n}(X_i - \overline{X})^2$$

不是σ^2的无偏估计，常用

$$\frac{1}{n-1}\sum_{i=1}^{n}(X_i - \overline{X})^2$$

作为σ^2的无偏估计量。

定义 3.4.2 渐近无偏性：对于总体X的未知参数的一个估计量$\hat{\theta}$，如果

$$\lim_{n\to+\infty}E(\hat{\theta}) = \theta,$$

则称$\hat{\theta}$为θ的渐近无偏估计。

43

虽然

$$\frac{1}{n}\sum_{i=1}^{n}(X_i - \overline{X})^2$$

不是σ^2的无偏估计，但它是σ^2的渐近无偏估计。值得注意的是，许多估计虽然无法满足无偏性，但大多数能够满足渐近无偏性。

此外，如果$\hat{\theta}$是θ的无偏估计，大多数情况下，$g(\hat{\theta})$不是$g(\theta)$的无偏估计。

例 3.4.2 $X \sim N(\mu, \sigma^2)$，$X_1, X_2, \cdots, X_n$为i.i.d.样本，有$E(\overline{X}) = \mu$，但

$$E(\overline{X}^2) = D(\overline{X}) + (E\overline{X})^2 = \frac{1}{n}\sigma^2 + \mu^2 \neq \mu^2,$$

即$\overline{X}$为μ的无偏估计，但$\overline{X}^2$并不是μ^2的无偏估计，不过$\overline{X}^2$是μ^2的渐近无偏估计。

令

$$S_{n-1}^2 = \frac{1}{n-1}\sum_{i=1}^{n}(X_i - \overline{X})^2,$$

由前面讨论有$E(S_{n-1}^2) = \sigma^2$，故S_{n-1}^2是σ^2的无偏估计，但S_{n-1}并不是σ的无偏估计。

以下简证之：

若有$E(S_{n-1}) = \sigma$，则

$$ES_{n-1}^2 = D(S_{n-1}) + [E(S_{n-1})]^2,$$

故

$$\sigma^2 = D(S_{n-1}) + \sigma^2 \Rightarrow D(S_{n-1}) = 0,$$

但显然$D(S_{n-1}) \neq 0$，矛盾，即S_{n-1}不是σ的无偏估计，但可以证明S_{n-1}是σ的渐近无偏估计（作为习题）。

（二）有效性

由于无偏估计并不是唯一的，故比较无偏估计的优劣是一个重要的工作。评判无偏估计，必须根据估计量的特点来进行。对于任给的一个总体$f(x, \theta)$，$\overline{X}$都是$E(X)$的无偏估计。同时，根据观察可知

$$X_1, \quad \frac{1}{2}(X_1 + X_2), \quad \cdots, \quad \frac{1}{n-1}\sum_{i=1}^{n-1}X_i$$

均为$E(X)$的无偏估计，也就是说，所有的这些统计量在一阶样本矩上并无差别，所以一个显然的标准就是考虑统计量在二阶矩上的差别。由于方差体现随机变量的分散性，因此作为估计量，方差当然是越小越能体现估计的优良性。

定义 3.4.3 设 $X \sim F(x; \theta)$，X_1，X_2，$\cdots$，X_n 为i.i.d.样本，对于 θ 的两个无偏估计量 $\hat{\theta}_1$，$\hat{\theta}_2$（即 $E(\hat{\theta}_1) = E(\hat{\theta}_2) = \theta$），如果 $D(\hat{\theta}_1) < D(\hat{\theta}_2)$，则称 $\hat{\theta}_1$ 比 $\hat{\theta}_2$ 有效。

根据此标准，由于

$$D\left(\frac{1}{n}\sum_{i=1}^{n}X_i\right) = \frac{1}{n}D(X) < D\left(\frac{1}{n-1}\sum_{i=1}^{n-1}X_i\right) = \frac{1}{n-1}D(X),$$

故 $\frac{1}{n}\sum_{i=1}^{n}X_i$ 比 $\frac{1}{n-1}\sum_{i=1}^{n-1}X_{i-1}$ 有效。

例 3.4.3 设 $X \sim C[0, \theta]$，X_1，$\cdots$，X_n 为i.i.d.样本（其中 $n > 1$）。令

$$\hat{\theta}_1 = 2\overline{X}, \quad \hat{\theta}_2 = \frac{n+1}{n}\max_{1 \leqslant i \leqslant n}\{X_i\}。$$

证明 $\hat{\theta}_1$ 及 $\hat{\theta}_2$ 的无偏性并比较它们的有效性。

解：由于

$$EX = \frac{\theta}{2},$$

则

$$\frac{\theta}{2} = \overline{X} \Rightarrow \hat{\theta}_1 = 2\overline{X}$$

为 θ 的矩法估计，且为无偏估计。又知道 $\max_{1 \leqslant i \leqslant n}\{X_i\}$ 为 θ 的极大似然估计，令

$$Y = \max_{1 \leqslant i \leqslant n}\{X_i\},$$

则

$$P\{Y \leqslant y\} = P\{X_1 \leqslant y, \ X_2 \leqslant y, \ \cdots, \ X_n \leqslant y\} = \left(\frac{y}{\theta}\right)^n,$$

故 Y 的密度函数为

$$f_Y(y) = \frac{n}{\theta^n}y^{n-1}, \ 0 \leqslant y \leqslant \theta,$$

则

$$E(Y) = \int_0^\theta y \cdot \frac{n}{\theta^n}y^{n-1}\,\mathrm{d}y = \frac{n}{\theta^n} \cdot \frac{1}{n+1}y^{n+1}\Big|_0^\theta = \frac{n}{n+1}\theta,$$

故

$$E\left(\frac{n+1}{n}Y\right) = \theta,$$

即

$$\hat{\theta}_2 = \frac{n+1}{n}\max_{1 \leqslant i \leqslant n}\{X_i\}$$

也是θ的无偏估计（$\hat{\theta}_2$是基于极大似然估计的一个修正）。又

$$D(\hat{\theta}_1) = \frac{4}{n}D(X) = \frac{4}{n} \cdot \frac{1}{12}\theta^2 = \frac{1}{3n}\theta^2,$$

且

$$E(Y^2) = \int_0^\theta y^2 n \cdot \frac{y^{n-1}}{\theta^n}\,\mathrm{d}y = \frac{n}{\theta^n} \cdot \frac{1}{n+2}\theta^{n+2} = \frac{n}{n+2}\theta^2,$$

则

$$\begin{aligned}
D(\hat{\theta}_2) &= \left(\frac{n+1}{n}\right)^2 DY = \left(\frac{n+1}{n}\right)^2\left[\frac{n}{n+2}\theta^2 - \left(\frac{n}{n+1}\theta\right)^2\right] \\
&= \frac{(n+1)^2}{n^2}\left[\frac{n}{n+2} - \frac{n^2}{(n+1)^2}\right]\theta^2 = \left[\frac{(n+1)^2}{n(n+2)} - 1\right]\theta^2 \\
&= \frac{1}{n(n+2)}\theta^2。
\end{aligned}$$

又由于$(n+2) > 3$，故

$$D(\hat{\theta}_2) = \frac{1}{n(n+2)}\theta^2 < \frac{1}{3n}\theta^2,$$

即$\hat{\theta}_2$比$\hat{\theta}_1$有效。

（三）最有效估计

定义 3.4.4 对于θ的无偏估计$\hat{\theta}_1$，如果$D(\hat{\theta}_1) \leqslant D(\hat{\theta})$，$\hat{\theta}$为$\theta$的任意一个无偏估计，则称$\hat{\theta}_1$为最小方差无偏估计（MVUE）。

从定义来看，θ的MVUE为所有θ的估计量中最为理想的估计，但在很多情形，最小方差无偏估计是不易得到的。

定理 3.4.1 (Rao-Carmer不等式) $X \sim f(x, \theta)$，$X_1, X_2, \cdots, X_n$为i.i.d.样本，$\hat{\theta}$为θ的一个无偏估计，且

1) $\frac{\partial}{\partial\theta}f(x; \theta)$存在，

$$\frac{\partial}{\partial\theta}\int f(x, \theta)\,\mathrm{d}x = \int \frac{\partial f(x, \theta)}{\partial\theta}\,\mathrm{d}x,$$

$$\frac{\partial}{\partial\theta}\int_{R^n}\hat{\theta}(x_1, \cdots, x_n)L(x, \theta)\,\mathrm{d}x = \int_{R^n}\hat{\theta} \cdot \frac{\partial L(x, \theta)}{\partial\theta}\,\mathrm{d}x = \int_{R^n} G\,\mathrm{d}x,$$

其中$L(x, \theta)$为似然函数，$\int_{R^n} G \, \mathrm{d}x$为$n$维空间积分，

2)$I(\theta) = E_\theta \left[\frac{\partial \ln f(x, \theta)}{\partial \theta} \right]^2 > 0$　（一般称$I(\theta)$为费歇尔信息量），

则有

$$D(\hat{\theta}) \geqslant \frac{1}{nI(\theta)}.$$

（证明略）。

定理3.4.1给出了无偏估计量的方差的下限。如果一个无偏估计量达到了Rao-Cramer不等式的下限，则称这个估计是最有效估计，显然它也是最小方差无偏估计（MVUE）。

对于离散型随机变量情形，只要把定理中的密度函数改为概率分布，积分号以求和号代替，结论仍然成立。

例 3.4.4 $X \sim N(\mu, \sigma^2)$，$X_1, X_2, \cdots, X_n$为i.i.d.样本。考察μ及σ^2的Rao-Cramer不等式中无偏估计的方差下限。

解：由于

$$\ln f(x; \mu, \sigma^2) = \ln \left\{ \frac{1}{\sqrt{2\pi}(\sigma^2)^{\frac{1}{2}}} \exp \left[-\frac{1}{2\sigma^2}(x - \mu)^2 \right] \right\}$$

$$= -\frac{1}{2} \ln(\sigma^2) - \frac{1}{2\sigma^2}(x - \mu)^2,$$

且

$$\frac{\partial \ln f(x; \mu, \sigma^2)}{\partial \mu} = \frac{x - \mu}{\sigma^2},$$

则

$$I(\mu) = \int_{-\infty}^{+\infty} \left(\frac{x - \mu}{\sigma^2} \right)^2 \cdot \frac{1}{\sqrt{2\pi}\sigma} \exp \left[-\frac{1}{2} \left(\frac{x - \mu}{\sigma} \right)^2 \right] \mathrm{d}x$$

$$= \frac{1}{\sigma^2} \int_{-\infty}^{+\infty} y^2 \cdot \frac{1}{\sqrt{2\pi}} \mathrm{e}^{-\frac{1}{2}y^2} \, \mathrm{d}y = \frac{1}{\sigma^2},$$

故μ的无偏估计的Rao-Cramer下限为

$$\frac{1}{nI(\mu)} = \frac{\sigma^2}{n}.$$

又

$$D(\overline{X}) = \frac{1}{n}\sigma^2,$$

故在所有的 μ 的无偏估计中，$\overline{X}$ 的方差是最小的。因此，$\overline{X}$ 为 μ 的最有效估计及最小方差无偏估计。

同理：由于

$$\frac{\partial \ln f(x;\ \mu,\ \sigma^2)}{\partial \sigma^2} = -\frac{1}{2\sigma^2} + \frac{1}{2\sigma^4}(x-\mu)^2,$$

则有

$$I(\sigma^2) = E\left[\frac{1}{2\sigma^4}(x-\mu)^2 - \frac{1}{2\sigma^2}\right]^2 = \frac{1}{4\sigma^4} - \frac{1}{2\sigma^6}E(x-\mu)^2 + \frac{1}{4\sigma^8}E(x-\mu)^4$$

$$= \frac{1}{4\sigma^4} - \frac{1}{2\sigma^4}E\left(\frac{x-\mu}{\sigma}\right)^2 + \frac{1}{4\sigma^4}E\left(\frac{x-\mu}{\sigma}\right)^4$$

$$= \frac{1}{4\sigma^4} - \frac{1}{2\sigma^4} + \frac{1}{4\sigma^4}\cdot 3 = \frac{1}{2\sigma^4},$$

故 σ^2 的 Rao-Cramer 下界为

$$\frac{1}{nI(\sigma^2)} = \frac{2}{n}\sigma^4。$$

又 σ^2 的无偏估计

$$S_{n-1}^2 = \frac{1}{n-1}\sum_{i=1}^{n}(X_i - \overline{X})^2$$

的方差为

$$D\left[\frac{1}{n-1}\sum_{i=1}^{n}(X_i - \overline{X})^2\right] = \left(\frac{1}{n-1}\right)^2 D\left[\sum_{i=1}^{n}\frac{(X_i-\overline{X})^2}{\sigma^2}\right]\sigma^4$$

$$= \frac{1}{(n-1)^2}\sigma^4\cdot 2(n-1) = \frac{2}{n-1}\sigma^4 > \frac{2}{n}\sigma^4,$$

故 S_{n-1}^2 并不是 σ^2 的最有效估计，但可以证明它是 σ^2 的 MVUE（见 §3.5）。

根据估计量的优良性，可以大体对各种估计量打分：矩估计可以算 "及格"，最容易得到，但易得到的通常并不 "宝贵"；极大似然估计可以算 "良"，因为它涵盖了统计学方法的 "精髓"（既然有这种结果，想必有其最佳的客观原因）；最有效估计满足 Rao-Carmer 不等式的条件，当然算 "满分"，因为它是无法被超越的，但也是可遇不可求的；最小方差无偏估计可以算是 "优"，因为它虽然不一定达到 "满分"，但在所有的无偏估计中，方差最小；至于还有许多其他的估计（如最佳线性无偏估计、贝叶斯估计等）大体上可以列入 "中" 的等级。

§3.5　充分性与完备性*

充分性和完备性是数理统计中两个重要的概念，它在寻找指数族分布的最小方差无偏估计中有着特别重要的作用。

定义 3.5.1 X_1, X_2, $\cdots$, X_n为$X \sim F(x, \theta)$的i.i.d.样本，$T(X_1, X_2, \cdots, X_n)$是一个统计量，记$(X_1, X_2, \cdots, X_n)$的联合分布为$F_n(x_1, x_2, \cdots, x_n; \theta)$。在给定$T(X_1, X_2, \cdots, X_n)$下，$F_n$的条件分布与参数$\theta$无关，则称$T(X_1, X_2, \cdots, X_n)$是分布$F(x, \theta)$的充分统计量，也可称为$\theta$的充分统计量。

充分统计量的定义大体可以这样理解：通过构造统计量T，则关于θ的信息已经完全由T给出。换句话说，T中已包含了θ的全部信息；关于θ的信息，只要记录T即可；要对θ进行统计推断，只需要T的信息；其他统计量的信息就没有必要了。

例 3.5.1 设$X \sim b(1, p)$，X_1, $\cdots$, X_n为i.i.d.样本，考察$\overline{X}$，因为

$$\overline{X} = \frac{1}{n} \sum_{i=1}^{n} X_i = \frac{1}{n} V \text{（V 表示X_i中取1 的频数）},$$

且

$$P\left(X_1 = \varepsilon_1, X_2 = \varepsilon_2, \cdots, X_n = \varepsilon_n \mid \overline{X} = \frac{V}{n}\right)$$

$$= \frac{P(X_1 = \varepsilon_1, X_2 = \varepsilon_2, \cdots, X_n = \varepsilon_n, \sum_{i=1}^{n} X_i = V)}{P\left(\overline{X} = \frac{V}{n}\right)}$$

$$= \frac{P(X_1 = \varepsilon_1)P(X_2 = \varepsilon_2) \cdots P(X_{n-1} = \varepsilon_{n-1})P(X_n = V - \varepsilon_1 - \cdots - \varepsilon_{n-1})}{P\left(\overline{X} = \frac{V}{n}\right)}$$

$$= \frac{p^V (1-p)^{n-V}}{P(n\overline{X} = V)} = \frac{p^V (1-p)^{n-V}}{C_n^V p^V (1-p)^{n-V}} = \frac{1}{C_n^V},$$

其中$\varepsilon_i = 0$或1。又因为$\sum_{i=1}^{n} \varepsilon_i = V$，与$p$无关，故$\overline{X}$是$p$ 的充分统计量。

定理 3.5.1 1)连续型：设总体$X \sim f(x, \theta)$，X_1, X_2, $\cdots$, X_n为i.i.d.子样，

$$T(X_1, X_2, \cdots, X_n)$$

是一个统计量，则T为充分统计量的充要条件是：子样的联合分布密度函数可分解为

$$L(x_1, x_2, \cdots, x_n; \theta) = h(x)g[T(x), \theta],$$

其中，h是x的非负函数，且与θ无关。

2)离散型：设总体的概率分布为$p(x, \theta)$，x_1，x_2，$\cdots$，x_n为i.i.d.子样，

$$T(X_1, X_2, \cdots, X_n)$$

为统计量，则T为充分统计量的充要条件是：子样的联合分布可表示为

$$P(x_1, x_2, \cdots, x_n; \theta) = h(x)g[T(x), \theta]（记号同上）。$$

例 3.5.2 X为Poisson分布$P(\lambda)$，X_1，X_2，$\cdots$，X_n为i.i.d.样本，似然函数为

$$P(x_1, x_2, \cdots, x_n; \lambda) = \frac{\lambda^{\sum\limits_{i=1}^{n} x_i}}{x_1! x_2! \cdots x_n!} e^{-n\lambda}。$$

令

$$T(X) = \frac{1}{n} \sum_{i=1}^{n} X_i,$$

则

$$P(x_1, x_2, \cdots, x_n; \lambda) = \frac{1}{x_1! x_2! \cdots x_n!} (\lambda^{nT} e^{-n\lambda})。$$

令

$$h = \frac{1}{x_1! x_2! \cdots x_n!},$$

则

$$g(T, \lambda) = \lambda^{nT} e^{-n\lambda},$$

故$T(X)$为λ的充分统计量。

例 3.5.3 $X \sim C[0, \theta]$，X_1，X_2，$\cdots$，X_n为i.i.d.子样，似然函数为

$$
L(x_1, x_2, \cdots, x_n) =
\begin{cases}
\frac{1}{\theta^n} & 0 \leqslant \max_{1 \leqslant i \leqslant n}\{x_i\} \leqslant \theta \\
0 & 其他
\end{cases}
$$
$$= \frac{1}{\theta^n} \chi \left(0 \leqslant \max_{1 \leqslant i \leqslant n} \{x_i\} \leqslant \theta \right),$$

其中$\chi(\cdot)$为示性函数，故

$$T(x) = \max_{1 \leqslant i \leqslant n} \{x_i\}$$

为θ的充分统计量。

从统计量的定义来看，若$T(X)$为充分统计量，则$g[T(X)]$也是充分统计量，其中g为单值可逆函数。

例 3.5.4 $X \sim N(\mu, \sigma^2)$，X_1，X_2，$\cdots$，X_n 为i.i.d.子样，似然函数为

$$L = \left(\frac{1}{\sqrt{2\pi}\sigma}\right)^n \exp\left[-\frac{1}{2\sigma^2}\sum_{i=1}^{n}(X_i - \mu)^2\right]$$

$$= \left(\frac{1}{\sqrt{2\pi}\sigma}\right)^n \exp\left[-\frac{1}{2\sigma^2}\sum_{i=1}^{n}X_i^2 + \frac{n\mu}{\sigma^2}\overline{x} - \frac{n\mu^2}{2\sigma^2}\right],$$

故

$$T = \left(\sum_{i=1}^{n}X_i^2, \ \overline{X}\right)$$

是(μ, σ^2)的充分统计量。

定理 3.5.2 θ的无偏估计$\hat{\theta}$如果是充分统计量，且它在概率意义下是唯一的，则$\hat{\theta}$一定是θ的最小方差无偏估计（证明略）。

定义 3.5.2 给定分布$X \sim F(x, \theta)$，如果对于任意的θ都有$E_\theta[g(X)] = 0$成立，那么对于任意的θ一定有

$$P_\theta\{g(X) = 0\} = 1,$$

则称$F(x, \theta)$是完备的。一个统计量$T(X_1, X_2, \cdots, X_n)$称为完备的，如果T的分布是完备的，也称$T(X_1, X_2, \cdots, X_n)$为完备统计量。

例 3.5.5 $X \sim C[0, \theta]$，X_1，X_2，$\cdots$，X_n为i.i.d.样本，则称

$$T = \max_{1 \leqslant i \leqslant n}\{X_i\}$$

是完备统计量。事实上，T的密度为

$$f_T(t, \theta) = \begin{cases} \frac{n}{\theta}t^{n-1} & 0 < t < \theta \\ 0 & \text{其他} \end{cases}。$$

若有$g(t)$使$E_\theta[g(X)] = 0$对所有θ都成立，则有

$$\int_0^\theta g(t)f(t, \theta)\,\mathrm{d}t \equiv 0,$$

故有

$$\int_0^\theta g(t)t^{n-1}\,\mathrm{d}t = 0。$$

令

$$h(\theta) = \int_0^{\theta} g(t)t^{n-1}\,\mathrm{d}t,$$

则$h'(\theta) = g(\theta)\theta^{n-1}$，从而对所有的$\theta$有$h'(\theta) \equiv 0$，故对所有的$\theta$ 有$g(\theta) \equiv 0$，所以T为完备统计量（因为T的分布是完备的）。

定理 3.5.3 X_1，X_2，$\cdots$，X_n是$X \sim F(x,\theta)$的i.i.d.样本，$T(X_1$，X_2，$\cdots$，$X_n)$是θ的充分完备统计量。如果θ的无偏估计存在，记为V，则$V_0 = E\{V \mid T\}$是θ唯一的最小方差无偏估计（证明略）。

寻找和验证某分布的充分完备统计量是一件十分困难的事，但对于分布族中的一大类——指数分布族却有很好的结论。

定义 3.5.3 如果分布密度$f(x,\theta)$可表示为

$$f(x,\theta) = g(\theta)\exp\left[\sum_{i=1}^{k} Q_i(\theta)T_i(x)\right]h(x),$$

则称它为指数族分布。当总体X为离散型随机变量，则上述的密度函数改为概率分布仍然成立。

一般而言，定义3.5.3中的$f(x,\theta)$为i.i.d.样本X_1，X_2，$\cdots$，X_n的联合密度或联合概率分布。

定理 3.5.4 设$X \sim f(x,\theta)$的i.i.d.样本为X_1，X_2，$\cdots$，X_n。若

$$L(X_1,\ X_2,\ \cdots,\ X_n;\ \theta) = \prod_{i=1}^{n} f(x_i,\theta)$$

可表示为

$$g(\theta)\exp\left[\sum_{i=1}^{k} Q_i(\theta)T_i(X)\right]h(X),$$

则

$$T(X) = (T_1(X_1,\ X_2,\ \cdots,\ X_n),\ T_2(X_1,\ X_2,\ \cdots,\ X_n),\ \cdots,\ T_k(X_1,\ X_2,\ \cdots,\ X_n))$$

是θ的充分完备统计量。

例 3.5.6 X_1，X_2，$\cdots$，X_n为来自Poisson分布$P(\lambda)$的i.i.d.样本，则

$$X = (X_1,\ X_2,\ \cdots,\ X_n)$$

的联合概率分布为

$$\mathrm{e}^{-n\lambda} \cdot \frac{\lambda^{\sum\limits_{i=1}^{n} X_i}}{X_1! X_2! \cdots X_n!} = \mathrm{e}^{-n\lambda} \exp\left(\ln\lambda \sum_{i=1}^{n} X_i\right) \frac{1}{X_1! X_2! \cdots X_n!},$$

故$\sum\limits_{i=1}^{n} X_i$是$\lambda$的充分完备统计量。当然由定义知$\overline{X}$ 也是λ的充分完备统计量。

例 3.5.7 $X \sim N(\mu,\ \sigma^2)$，X_1，X_2，$\cdots$，X_n 为i.i.d.样本，$(X_1,\ X_2,\ \cdots,\ X_n)$的联合分布密度为

$$\left(\frac{1}{\sqrt{2\pi}\sigma}\right)^n \exp\left[-\frac{1}{2\sigma^2} \sum_{i=1}^{n} (x_i - \mu)^2\right]$$

$$= \left(\frac{1}{\sqrt{2\pi}\sigma}\right)^n \exp\left(-\frac{n\mu^2}{2\sigma^2}\right) \exp\left(-\frac{1}{2\sigma^2} \sum_{i=1}^{n} x_i^2 + \frac{\mu}{\sigma^2} \sum_{i=1}^{n} x_i\right),$$

故

$$\left(\sum_{i=1}^{n} x_i,\ \sum_{i=1}^{n} x_i^2\right)$$

是$(\mu,\ \sigma^2)$的充分完备统计量。

根据指数族的定义，在指数族中寻找充分完备统计量是一件十分容易的事，下面的定理则为我们寻找最小方差无偏估计提供十分有利的条件。

定理 3.5.5 有总体X的分布$F(X,\ \theta)$及i.i.d.样本X_1，X_2，$\cdots$，X_n。若

$$T(X_1,\ X_2,\ \cdots,\ X_n)$$

为充分完备统计量，$g(\hat{\theta})$为$g(\theta)$的无偏估计，则$E[g(\hat{\theta})\mid T]$为$g(\theta)$ 的唯一最小方差无偏估计（证明略）。

定理 3.5.6 对于总体X的分布$F(x,\ \theta)$及i.i.d.样本X_1，X_2，$\cdots$，X_n，若

$$T(X_1,\ X_2,\ \cdots,\ X_n)$$

是充分完备统计量，则对于未知参数$g(\theta)$有且仅有一个依赖于T的无偏估计$g(T)$，它就是$g(\theta)$的最小方差无偏估计。这里的唯一性是指任何两个MVUE 在概率意义下几乎处处相等（证明略）。

定理3.5.6对于寻找最小方差无偏估计有着十分重要的意义，即一个充分完备统计量如果是无偏的，那么它就是最小方差无偏估计。

由定理3.5.6可知，正态情形$N(\mu, \sigma^2)$下，$\overline{X}$是μ的MVUE，又

$$S_{n-1}^2 = \frac{1}{n-1}\sum_{i=1}^n (X_i - \overline{X})^2 = \frac{1}{n-1}\left(\sum_{i=1}^n X_i^2 - n\overline{X}^2\right)$$

既是无偏的，又是充分完备统计量，故S_{n-1}^2是σ^2的MVUE。又如Poisson 情形，由于$E(\overline{X}) = \lambda$，且$\overline{X}$是$\lambda$的充分完备统计量，故$\overline{X}$是$P(\lambda)$中未知参数$\lambda$的MVUE。但在一些情况下，求MVUE 并不是一件容易的事。

例 3.5.8 X为Poisson分布$P(\lambda)$，X_1，X_2，$\cdots$，X_n为其i.i.d. 样本，求

$$g(\lambda) = \frac{\lambda^k}{k!}\mathrm{e}^{-\lambda}$$

的最小方差无偏估计。

解：由于

$$T_n = \sum_{i=1}^n X_i$$

是充分完备统计量；利用定理3.5.5，如果能够找到$g(\lambda)$的一个无偏估计量$\hat{\theta}$，则$E(\hat{\theta} \mid T_n)$为$g(\lambda)$唯一的最小方差无偏估计。根据$g(\lambda)$的特征，统计量

$$\phi(x_1,\ x_2,\ \cdots,\ x_n) = \begin{cases} 1 & x_1 = k \\ 0 & x_1 \neq k \end{cases}$$

满足

$$E[\phi(x_1,\ x_2,\ \cdots,\ x_n)] = 1 \times P\{x_1 = k\} + 0 \times P\{x_1 \neq k\} = P\{x_1 = k\} = \frac{\lambda^k}{k!}\mathrm{e}^{-\lambda},$$

即$\phi(x_1,\ x_2,\ \cdots,\ x_n)$为$g(\lambda)$的无偏估计，故$g(\lambda)$的唯一的MVUE 为

$$E[\phi(x_1,\ x_2,\ \cdots,\ x_n) \mid T_n] = P\{x_1 = k \mid T_n = t\} = \frac{P\{x_1 = k,\ T_n = t\}}{P(T_n = t)}$$

$$= \frac{P\left\{x_1 = k,\ \sum_{i=2}^n x_i = t - k\right\}}{P(T_n = t)}$$

$$= \frac{P\{x_1 = k\}P\{x_2 + \cdots + x_n = t - k\}}{p(x_1 + x_2 + \cdots + x_n = t)}。$$

对于Poisson分布，有性质：若$X_1 \sim P(\lambda)$，$X_2 \sim P(\lambda)$，且$X_1 + X_2$相互独立，则$X_1 + X_2 \sim P(2\lambda)$。

事实上，令$Z = X_1 + X_2$，则

$$P\{Z = k\} = P(X_1 + X_2 = k) = \sum_{i=0}^{k} P(X_1 = i)P(X_2 = k - i)$$

$$= \sum_{i=0}^{k} \frac{\lambda^i}{i!} \cdot \mathrm{e}^{-\lambda} \cdot \frac{\lambda^{k-i}}{(k-i)!} \mathrm{e}^{-\lambda} = \sum_{i=0}^{k} \frac{\lambda^k}{i!(k-i)!} \mathrm{e}^{-2\lambda}$$

$$= \lambda^k \mathrm{e}^{-2\lambda} \sum_{i=0}^{k} \frac{1}{i!(k-i)!}。$$

又

$$\sum_{i=0}^{k} \frac{k!}{i!(k-i)!} = \sum_{i=0}^{k} C_k^i = 2^k,$$

故

$$P(Z = k) = \frac{(2\lambda)^k}{k!} \mathrm{e}^{-2\lambda},$$

则$X_1 + X_2 \sim P(2\lambda)$。因此，

$$X_2 + \cdots + X_n \sim P[(n-1)\lambda], \quad X_1 + X_2 + \cdots + X_n \sim P(n\lambda),$$

从而

$$\hat{g}(\lambda) = P\{x_1 = k \mid T_n = t\} = \frac{\frac{\lambda^k}{k!} \cdot \mathrm{e}^{-\lambda} \cdot \frac{[(n-1)\lambda]^{t-k}}{(t-k)!} \mathrm{e}^{-(n-1)\lambda}}{\frac{(n\lambda)^t}{t!} \mathrm{e}^{-n\lambda}}$$

$$= \frac{t!}{k!(t-k)!} \left(\frac{1}{n}\right)^k \left(1 - \frac{1}{n}\right)^{t-k},$$

故$g(\lambda)$的MVUE为

$$C_{T_n}^k \left(\frac{1}{n}\right)^k \left(1 - \frac{1}{n}\right)^{T_n - k}。$$

特别地，当$k = 0$时，$\mathrm{e}^{-\lambda}$的MVUE为

$$\left(1 - \frac{1}{n}\right)^{\sum\limits_{i=1}^{n} x_i}。$$

例 3.5.9 X为Poisson分布$P(\lambda)$，$X_1, X_2, \cdots, X_n$为i.i.d.样本，求λ^S的最小方差无偏估计。

解：由于 $T = \sum\limits_{i=1}^{n} x_i$ 为充分完备统计量，且

$$\sum_{x_1,\ x_2,\ \cdots,\ x_n} \frac{\lambda^{\sum\limits_{i=1}^{n} x_i}}{x_1! x_2! \cdots x_n!} e^{-n\lambda} = 1,$$

令

$$\varphi(\lambda) = \sum_{x_1,\ x_2,\ \cdots,\ x_n} \frac{\lambda^{\sum\limits_{i=1}^{n} x_i}}{x_1! x_2! \cdots x_n!},$$

则 $\varphi(\lambda) = e^{n\lambda}$。对 $\varphi(\lambda)$ 求 S 阶导数，有

$$\sum_{x_1,\ x_2,\ \cdots,\ x_n} \frac{T(T-1)\cdots(T-S+1)\lambda^{T-S}}{x_1! x_2! \cdots x_n!} = n^S e^{n\lambda},$$

则

$$\sum_{x_1,\ x_2,\ \cdots,\ x_n} \frac{T(T-1)\cdots(T-S+1)\lambda^{x_1+x_2+\cdots+x_n}}{n^s \cdot x_1! x_2! \cdots x_n!} e^{-n\lambda} = \lambda^S,$$

故

$$E[T(T-1)\cdots(T-S+1)/n^S] = \lambda^S,$$

即 λ^S 的一个基于 T 的无偏估计量为 $T(T-1)\cdots(T-S+1)/n^S$，此即为 λ^S 的MVUE。这个例子进一步说明了要得到最小无偏估计并不是一件容易的事。

§3.6　贝叶斯估计

本节所采取的贝叶斯（Bayes）方法与前面几节的点估计不同，它把未知参数 θ 也看成随机变量，其分布称为先验分布，融合了一些先验信息，这个思路称为贝叶斯先验信息方法。例如，我们要对来自某地区成年男子正态总体身高进行估计，在没有估计之前，我们大概就可以判断 μ 的估计值应该是在 $165 \sim 175$ cm 。又比如要对服从 Poisson 分布的某收费站单位时间过往车辆数 λ 进行估计，我们也可以根据该收费站的地理位置和规模大小有个比较模糊的粗略估计。也就是说，由于参数的估计来自于样本，而样本的特征在专业人士看来已经有了一些丰富的积累，我们把对未知参数的"先见之明"的这些信息收集起来，赋予它明确的数学特征，增加其信息量，以期得到更好的估计结果。设总体 $X \sim f(x,\ \theta)$，$X_1,\ X_2,\ \cdots,\ X_n$ 为 i.i.d. 样本，则 $(X_1,\ X_2,\ \cdots,\ X_n)$ 的联合密度为

$$\prod_{i=1}^{n} f(x_i,\ \theta).$$

贝叶斯统计的通常做法是，给 θ 一个先验分布（验前分布），比如说 θ 的一个先验密度为 $\pi(\theta)$，则

$$\left[\prod_{i=1}^{n} f(x_i, \theta)\right] \pi(\theta) = G(x_1, x_2, \cdots, x_n, \theta)$$

可视为 $(X_1, X_2, \cdots, X_n, \theta)$ 的联合密度，则

$$\int G(x_1, x_2, \cdots, x_n, \theta) \, \mathrm{d}\theta = h(x_1, x_2, \cdots, x_n)$$

为 $(x_1, x_2, \cdots, x_n)$ 的联合边缘密度，可得

$$g(x_1, x_2, \cdots, x_n, \theta) = \frac{G(x_1, x_2, \cdots, x_n, \theta)}{h(x_1, x_2, \cdots, x_n)},$$

为 θ 的条件密度。显然 $g(x_1, x_2, \cdots, x_n, \theta)$ 与 $\pi(\theta)$ 是不一样的。一般称

$$g(x_1, x_2, \cdots, x_n, \theta)$$

为 θ 的后验密度，这个后验密度已经把 θ 的先验分布及样本的信息全部包含进来。要得到 θ 的一个估计，一个常用的办法（基于二次损失函数）是求后验密度的数学期望，即

$$\int \theta g(x_1, x_2, \cdots, x_n, \theta) \, \mathrm{d}\theta,$$

把它作为 θ 的估计，此种方法称为贝叶斯估计。贝叶斯估计这种基于先验信息和样本得到的后验信息的方法，称为贝叶斯方法，其在许多领域有很多的应用，特别是在经济学中的博弈论、马尔科夫过程方面有着广泛的应用。但贝叶斯估计中先验分布的选择是个比较敏感而重要的事情，因为不同的先验分布将导致不同的估计结果，通常选择均匀分布（无信息验前分布）、指数分布、正态分布、贝塔分布等分布作为先验分布。

例 3.6.1 X 服从两点分布，

$$P(X = k) = p^k (1-p)^{1-k}, \ k = 0, 1,$$

$X_1, X_2, \cdots, X_n$ 为 i.i.d. 样本，p 的先验分布为 $C[0, 1]$，求 p 的贝叶斯估计。

解： $(X_1, X_2, \cdots, X_n)$ 的联合分布律为

$$p^{\sum\limits_{i=1}^{n} X_i} (1-p)^{n - \sum\limits_{i=1}^{n} X_i},$$

故$(X_1,\ X_2,\ \cdots,\ X_n,\ p)$的联合分布律为

$$p^{\sum\limits_{i=1}^{n} X_i}(1-p)^{n-\sum\limits_{i=1}^{n} X_i}\cdot 1。$$

$(X_1,\ X_2,\ \cdots,\ X_n)$的联合边缘分布律为

$$\int_0^1 p^{\sum\limits_{i=1}^{n} X_i}(1-p)^{n-\sum\limits_{i=1}^{n} X_i}\cdot 1\,\mathrm{d}p = B\left(\sum_{i=1}^{n} X_i + 1,\ n-\sum_{i=1}^{n} X_i + 1\right),$$

其中

$$B(p,\ q) = \int_0^1 x^{p-1}(1-x)^{q-1}\,\mathrm{d}x,$$

称为贝塔积分式或贝塔函数,它满足

$$B(p,\ q) = \frac{\Gamma(p)\Gamma(q)}{\Gamma(p+q)},$$

其中

$$\Gamma(p) = \int_0^{+\infty} x^{p-1}\mathrm{e}^{-x}\,\mathrm{d}x = (p-1)!\ (当p为整数)。$$

故

$$B\left(\sum_{i=1}^{n} X_i + 1,\ n-\sum_{i=1}^{n} X_i + 1\right) = \frac{\left(\sum\limits_{i=1}^{n} X_i\right)!\left(n-\sum\limits_{i=1}^{n} X_i\right)!}{(n+1)!},$$

于是p的后验密度为

$$\frac{p^{\sum\limits_{i=1}^{n} X_i}(1-p)^{n-\sum\limits_{i=1}^{n} X_i}(n+1)!}{\left(\sum\limits_{i=1}^{n} X_i\right)!\left(n-\sum\limits_{i=1}^{n} X_i\right)!},$$

从而p的贝叶斯估计为

$$\hat{p} = \int_0^1 \frac{(n+1)!}{\left(\sum\limits_{i=1}^{n} X_i\right)!\left(n-\sum\limits_{i=1}^{n} X_i\right)!}p^{\sum\limits_{i=1}^{n} X_i+1}(1-p)^{n-\sum\limits_{i=1}^{n} X_i}\,\mathrm{d}p$$

$$= \frac{(n+1)!}{\left(\sum\limits_{i=1}^{n} X_i\right)!\left(n-\sum\limits_{i=1}^{n} X_i\right)!}\cdot\frac{\left(\sum\limits_{i=1}^{n} X_i+1\right)!\left(n-\sum\limits_{i=1}^{n} X_i\right)!}{(n+2)!} = \frac{\sum\limits_{i=1}^{n} X_i+1}{n+2}。$$

例 3.6.2 给定正态总体$X \sim N(\mu,\ 1)$及i.i.d.样本$X_1,\ X_2,\ \cdots,\ X_n$,假定μ的先验分布为$\mu \sim N(0,\ 1)$,求μ的贝叶斯估计。

解：$(X_1, X_2, \cdots, X_n, \mu)$的联合密度为

$$\left(\frac{1}{\sqrt{2\pi}}\right)^n \exp\left[-\frac{1}{2}\sum_{i=1}^{n}(x_i-\mu)^2\right] \cdot \frac{1}{\sqrt{2\pi}}\mathrm{e}^{-\frac{\mu^2}{2}},$$

则$(X_1, X_2, \cdots, X_n)$的联合边缘密度为

$$\left(\frac{1}{2\pi}\right)^{\frac{n+1}{2}} \exp\left(-\frac{1}{2}\sum_{i=1}^{n}x_i^2\right) \int_{-\infty}^{+\infty} \exp\left\{-\frac{1}{2}\left[(n+1)\mu^2 - 2\mu n\overline{x}\right]\right\}\mathrm{d}\mu$$

$$= \left(\frac{1}{2\pi}\right)^{\frac{n}{2}} \exp\left[-\frac{1}{2}\left(\sum_{i=1}^{n}x_i^2 - \frac{n^2\overline{x}^2}{n+1}\right)\right] \int_{-\infty}^{+\infty} \frac{1}{\sqrt{2\pi}}\exp\left[-\frac{n+1}{2}\left(\mu - \frac{n\overline{x}}{n+1}\right)^2\right]\mathrm{d}\mu$$

$$= \frac{1}{\sqrt{n+1}}\left(\frac{1}{2\pi}\right)^{\frac{n}{2}} \exp\left[-\frac{1}{2}\left(\sum_{i=1}^{n}x_i^2 - \frac{n^2\overline{x}^2}{n+1}\right)\right],$$

从而μ的后验密度为

$$\frac{\sqrt{n+1}}{\sqrt{2\pi}} \exp\left[-\frac{n+1}{2}\left(\mu - \frac{n\overline{x}}{n+1}\right)^2\right],$$

故μ的贝叶斯估计为

$$\int_{-\infty}^{+\infty} \mu \cdot \frac{\sqrt{n+1}}{\sqrt{2\pi}} \exp\left\{-\frac{n+1}{2}\left(\mu - \frac{n\overline{x}}{n+1}\right)^2\right\}\mathrm{d}\mu = \frac{n\overline{x}}{n+1} = \frac{\sum\limits_{i=1}^{n}x_i}{n+1}。$$

从例3.6.1及例3.6.2可以看出，选择不同的先验分布不但结果迥异，而且求贝叶斯估计的过程也难易不一。如果在例3.6.1中选择先验分布为正态分布，则

$$(X_1, X_2, \cdots, X_n)$$

的联合边缘分布不易求得。同理，若在例3.6.2中选择先验分布为均匀分布$C[0, 1]$，则$(X_1, X_2, \cdots, X_n)$的联合边缘分布也不易求得。贝叶斯方法中，估计结果严重依赖于先验分布的选取，是其一大缺点，但它的思想有合理性。人们在先验分布的具体选取方法方面也积累了许多经验，有兴趣的读者可以参考相关文献。

例 3.6.3 X服从Poisson分布$P(\lambda)$，λ为大于0的未知参数，且$X_1, X_2, \cdots, X_n$为i.i.d.样本。假定λ的先验分布为$\pi(\lambda) = \mathrm{e}^{-\lambda}$，$\lambda > 0$，求$\lambda$的贝叶斯估计。

解：$(X_1, X_2, \cdots, X_n, \lambda)$的联合分布为

$$\left(\frac{\lambda^{x_1}}{x_1!}\mathrm{e}^{-\lambda}\right)\left(\frac{\lambda^{x_2}}{x_2!}\mathrm{e}^{-\lambda}\right)\cdots\left(\frac{\lambda^{x_n}}{x_n!}\mathrm{e}^{-\lambda}\right)\mathrm{e}^{-\lambda}=\frac{\lambda^{\sum\limits_{i=1}^{n}x_i}}{x_1!x_2!\cdots x_n!}\mathrm{e}^{-(n+1)\lambda},$$

故$(X_1, X_2, \cdots, X_n)$的联合边缘分布为

$$\frac{1}{x_1!x_2!\cdots x_n!}\int_0^{+\infty}\lambda^{\sum\limits_{i=1}^{n}x_i}\mathrm{e}^{-(n+1)\lambda}\,\mathrm{d}\lambda$$

$$\xlongequal{\lambda'=(n+1)\lambda}\frac{1}{x_1!x_2!\cdots x_n!}\int_0^{+\infty}\left(\frac{1}{n+1}\right)^{\sum\limits_{i=1}^{n}x_i+1}(\lambda')^{\sum\limits_{i=1}^{n}x_i}\mathrm{e}^{-\lambda'}\,\mathrm{d}\lambda'$$

$$=\frac{1}{x_1!x_2!\cdots x_n!}\left(\frac{1}{n+1}\right)^{\sum\limits_{i=1}^{n}x_i+1}\Gamma\left(\sum\limits_{i=1}^{n}x_i+1\right),$$

从而得到λ的后验密度为

$$(n+1)^{\sum\limits_{i=1}^{n}x_i+1}\lambda^{\sum\limits_{i=1}^{n}x_i}\mathrm{e}^{-(n+1)\lambda}\Big/\Gamma\left(\sum\limits_{i=1}^{n}x_i+1\right),$$

则λ的贝叶斯估计为

$$\frac{(n+1)^{\sum\limits_{i=1}^{n}x_i+1}}{\Gamma\left(\sum\limits_{i=1}^{n}x_i+1\right)}\int_0^{+\infty}\lambda\lambda^{\sum\limits_{i=1}^{n}x_i}\mathrm{e}^{-(n+1)\lambda}\,\mathrm{d}\lambda$$

$$\xlongequal{\lambda'=(n+1)\lambda}\frac{(n+1)^{\sum\limits_{i=1}^{n}x_i+1}}{\Gamma\left(\sum\limits_{i=1}^{n}x_i+1\right)}\int_0^{+\infty}\left(\frac{1}{n+1}\right)^{\sum\limits_{i=1}^{n}x_i+2}\cdot(\lambda')^{\sum\limits_{i=1}^{n}x_i+1}\mathrm{e}^{-\lambda'}\,\mathrm{d}\lambda'$$

$$=\frac{(n+1)^{\sum\limits_{i=1}^{n}x_i+1}}{\Gamma\left(\sum\limits_{i=1}^{n}x_i+1\right)}\cdot\frac{1}{(n+1)^{\sum\limits_{i=1}^{n}x_i+2}}\Gamma\left(\sum\limits_{i=1}^{n}x_i+2\right)=\frac{\sum\limits_{i=1}^{n}x_i+1}{n+1}。$$

例3.6.1及例3.6.2得到的贝叶斯估计与$\overline{X}$相比略显"保守"，而例3.6.3得到的贝叶斯估计则比$\overline{X}$略显"冒进"，这些结果显示了先验分布的选择在贝叶斯方法中相当重要。此外例3.6.1、例3.6.2及例3.6.3所得到的估计与$\overline{X}$差别较小，这是正常的事情，毕竟$\overline{X}$是个优良的估计，如果贝叶斯方法得到的结果与$\overline{X}$相差较大，反而说明贝叶斯方法值得怀疑。贝叶斯方法中把蕴含在总体及未知参数中的先验信息融合在后验分布中的思想，具有相当重要的借鉴意义。

思考练习题

1. 总体X的分布律为

$$\begin{array}{c|ccc} X & 1 & 2 & 3 \\ \hline P & \theta_1 & \theta_2 & 1-\theta_1-\theta_2 \end{array},$$

从总体抽取$n=5$的i.i.d.样本得到1，1，2，3，3，求θ_1及θ_2的矩估计及极大似然估计。

2. 总体

$$X \sim f(x) = \frac{1}{2\sigma}\exp\left\{-\frac{|x-\mu|}{\sigma}\right\}, \quad -\infty < x < +\infty, \ \sigma > 0,$$

X_1，X_2，$\cdots$，X_n为i.i.d.样本，求μ及σ的矩估计及极大似然估计。

3. 总体

$$X \sim f(x) = \frac{3x^2}{\theta^3}, \ (0 < x < \theta, \ \theta > 0),$$

X_1，X_2为两i.i.d.样本，证明：

$$T_1 = \frac{2}{3}(X_1 + X_2), \ T_2 = \frac{7}{6}\max\{X_1, \ X_2\}$$

均为θ的无偏估计，并比较它们的有效性。

4. 从总体X抽取i.i.d.样本X_1，X_2，$\cdots$，X_n。已知$E(x) = \mu$，$D(x) = \sigma^2$，请在μ的线性无偏估计量$\sum\limits_{i=1}^{n} C_i X_i$中寻找一个最有效估计，并说明原理。

5. X_1，X_2，$\cdots$，X_n为来自$N(\mu, \ \sigma^2)$的i.i.d. 样本，证明：

$$S_{n-1} = \sqrt{\frac{1}{n-1}\sum_{i=1}^{n}(X_i - \overline{X})^2}$$

为σ的渐近无偏估计。

6. 总体X的分布律为

$$P\{X = k\} = p^{k-1}(1-p)^k, \ k = 1, \ 2, \ \cdots,$$

从X中抽取i.i.d.样本得到X_1，X_2，$\cdots$，X_n，求p的矩法估计及极大似然估计。

7. 总体

$$X \sim f(x, \theta) = \begin{cases} \frac{1}{\theta}\mathrm{e}^{-x/\theta} & x > 0 \\ 0 & x \leqslant 0 \end{cases} \quad (\theta > 0),$$

X_1, X_2, $\cdots$, X_n为i.i.d.样本，求θ的无偏估计的方差下限。

8. 从总体$X \sim N(\mu, \sigma^2)$抽取i.i.d. 样本X_1, X_2, $\cdots$, X_n，求
   （1）$\mu + 2\sigma^2$的一致最小方差无偏估计；
   （2）$\mu^2 - 3\sigma^2$的一致最小方差无偏估计。

9. 总体$X \sim P(\lambda)$（参数为λ 的Poisson 分布），λ的先验分布为方差为1的指数分布，X_1, X_2, $\cdots$, X_n为i.i.d.样本。在二次平均损失下，求λ 的贝叶斯估计。

10. 在正态总体$N(\mu, \sigma^2)$中，如果μ已知，X_1, X_2, $\cdots$, X_n为i.i.d.样本，证明σ^2的一致最小方差无偏估计可以达到Rao-Cramer下界。

第4章 区间估计

§4.1 基本概念

在上一章中，对于总体中未知参数θ给出了点估计。很明显，当给出一个θ的点估计$\hat{\theta}(x_1, x_2, \cdots, x_n)$，则$\hat{\theta}$的实际取值与样本容量和样本值有关，这样一来，不同场合或不同样本容量会导致不同的θ估计值。虽然这些估计值的差异程度可能非常小，但我们却需要建立一个准则或尺度对产生的差异进行"规范化"。一般思路是：能否找到两个统计量$\hat{\theta}_1$及$\hat{\theta}_2$，使得$\hat{\theta}_1 < \hat{\theta}_2$且满足$P(\hat{\theta}_1 < \theta < \hat{\theta}_2) = 1 - \alpha$（由于$\hat{\theta}_1$及$\hat{\theta}_2$都是随机变量），$\alpha$取尽可能小正数，则一方面保证未知参数估计值大约介于$\hat{\theta}_1$及$\hat{\theta}_2$之间，另一方面我们还可以给定该事件是个大概率事件，但此时的事件$\{\hat{\theta}_1 < \theta < \hat{\theta}_2\}$若看成通常的概率事件$\{\xi < a < \eta\}$（其中$\xi$及$\eta$为随机变量，$a$为一个数），则此事件是由二维随机变量构成的，其概率的度量显然有很大的难度。另一种思路是：可否直接找到两个数，使$\{a < \theta < b\}$事件是个大概率事件，但此时θ则成为一个随机变量，这只有贝叶斯分析中才可以允许存在的，且$\{a < \theta < b\}$事件至少与样本没有很明显的直接联系，故这种思路应该是行不通的。不过值得一提的是，第二种思路却是贝叶斯分析的"萌芽"。

考虑正态情形，$X \sim N(\mu, \sigma^2)$，$X_1, X_2, \cdots, X_n$为i.i.d.样本。由于

$$\frac{\sqrt{n}(\overline{X} - \mu)}{S_{n-1}} \sim t(n-1),$$

故对于较小的数$0 < \alpha < 1$有

$$P\left\{\left|\frac{\sqrt{n}(\overline{X} - \mu)}{S_{n-1}}\right| \leqslant t_{\alpha/2}(n-1)\right\} = 1 - \alpha,$$

从而有

$$P\left\{\overline{X} - \frac{S_{n-1}}{\sqrt{n}}t_{\alpha/2}(n-1) \leqslant \mu \leqslant \overline{X} + \frac{S_{n-1}}{\sqrt{n}}t_{\alpha/2}(n-1)\right\} = 1 - \alpha。 \tag{4.1.1}$$

根据第一种思路，我们可以认定

$$\overline{X} \pm \frac{S_{n-1}}{\sqrt{n}} t_{\alpha/2}(n-1)$$

为μ的一个"区间估计"，但我们采用的并不是从概率论的$(\xi < a < \eta)$思路，而是从统计量的分布衍生出来的事件，即从

$$P\{a \leqslant \hat{\theta}(x_1,\ x_2,\ \cdots,\ x_n) \leqslant b\} = 1 - \alpha$$

得出

$$P\{\hat{\theta}_1(x_1,\ x_2,\ \cdots,\ x_n) \leqslant \theta \leqslant \hat{\theta}_2(x_1,\ x_2,\ \cdots,\ x_n)\}。$$

当然我们也必须注意到可以构造出

$$P\left\{-t_{\alpha/3}(n-1) \leqslant \frac{\sqrt{n}(\overline{X} - \mu)}{S_{n-1}} \leqslant t_{2\alpha/3}(n-1)\right\} = 1 - \alpha,$$

即

$$P\left\{\overline{X} - \frac{S_{n-1}}{\sqrt{n}} t_{\alpha/3}(n-1) \leqslant \mu \leqslant \overline{X} + \frac{S_{n-1}}{\sqrt{n}} t_{2\alpha/3}(n-1)\right\} = 1 - \alpha。 \tag{4.1.2}$$

(式4.1.1)及式(4.1.2)中的事件均为"大概率事件"。下面给出区间估计的定义。

定义 4.1.1 对于总体$X \sim F(x,\ \theta)$及其i.i.d.样本$x_1,\ x_2,\ \cdots x_n$。如果存在两个统计量$\theta_L(x_1,\ x_2,\ \cdots,\ x_n) \leqslant \theta_U(x_1,\ x_2,\ \cdots,\ x_n)$，使给定的$\alpha$（$0 < \alpha < 1$），有

$$P\{\theta_L \leqslant \theta \leqslant \theta_U\} = 1 - \alpha,$$

则称$[\theta_L,\ \theta_U]$为θ的置信水平$1 - \alpha$的置信区间，也称为区间估计。

在许多场合，如质量水平，我们希望越高越好；如不合格率，我们希望越低越好，故未知参数的置信上、下限也是常见的需要给出的估计。

定义 4.1.2 总体$X \sim F(x,\ \theta)$，$x_1,\ x_2,\ \cdots,\ x_n$为i.i.d.样本。若存在统计量

$$\theta_L(x_1,\ x_2,\ \cdots,\ x_n),$$

使对应给定的α（$0 < \alpha < 1$）有

$$P\{\theta_L(x_1,\ x_2,\ \cdots,\ x_n) \leqslant \theta\} = 1 - \alpha,$$

则称θ_L为θ的置信水平$1 - \alpha$的置信下限。同理可以定义置信上限。

此外，从式(4.1.1)及式(4.1.2)可以看出，区间估计可以有无穷多个。那么，什么样的区间估计才是"最好"的呢？方便起见，不妨设总体 $X \sim N(\mu, 1)$，X_1，X_2，$\cdots$，X_n 为 i.i.d. 子样，由于

$$\frac{\sqrt{n}(\overline{X} - \mu)}{\sigma_0} \sim N(0, 1) \quad (\sigma_0 = 1),$$

故给定的 α，有

$$P\left\{\left|\sqrt{n}(\overline{X} - \mu)\right| \leqslant z_{\alpha/2}\right\} = 1 - \alpha,$$

即

$$P\left\{\overline{X} - \frac{1}{\sqrt{n}}z_{\alpha/2} \leqslant \mu \leqslant \overline{X} + \frac{1}{\sqrt{n}}z_{\alpha/2}\right\} = 1 - \alpha,$$

因此，

$$\left[\overline{X} - \frac{1}{\sqrt{n}}z_{\alpha/2}, \ \overline{X} + \frac{1}{\sqrt{n}}z_{\alpha/2}\right]$$

为 μ 的一个水平 $1 - \alpha$ 的置信区间。不妨设 $\overline{X} = 0$，$n = 9$，$\alpha = 0.05$，则 μ 的水平95%的置信区间为

$$\left[-\frac{1}{3}z_{\alpha/2}, \ \frac{1}{3}z_{\alpha/2}\right] = \left[-\frac{1}{3} \times 1.96, \ \frac{1}{3} \times 1.96\right] = [-0.653, \ 0.653],$$

换句话说，我们有95%的把握认定 μ 的估计值应该在 -0.653 到 0.653 之间，也称 ± 0.653 为 μ 的区间估计，而做出这个判断的错误不会超过5%。此外，如果我们将构造的事件改为

$$\left\{-z_{\alpha/3} \leqslant \sqrt{n}(\overline{X} - \mu) \leqslant z_{2\alpha/3}\right\},$$

其对应的概率为

$$P\left\{-z_{\alpha/3} \leqslant \sqrt{n}(\overline{X} - \mu) \leqslant z_{2\alpha/3}\right\} = 1 - \alpha,$$

则 μ 的区间估计为

$$\left[\overline{X} - \frac{1}{\sqrt{n}}z_{\alpha/3}, \ \overline{X} + \frac{1}{\sqrt{n}}z_{2\alpha/3}\right],$$

同样设 $n = 9$，$\overline{X} = 0$，$\alpha = 0.05$，则此时对应的区间估计则为

$$\left[-\frac{1}{3} \times 2.13, \ \frac{1}{3} \times 1.835\right] = [-0.71, \ 0.6117],$$

即有95%的把握认为 μ 的估计值应该在 -0.71 至 0.6117 之间。那么如何比较这两个结果的优劣？这是一个很浅显的道理。例如，命题"99%把握人的平均寿命在 $75 \sim 85$"

和"99%把握人的平均寿命在$74 \sim 86$",后者的结论显然更差,故对应于同一个置信水平的区间估计,当然以越短的区间估计越好,这是一个重要的标准。由于$0.71 + 0.6117 = 1.3217 > 2 \times 0.653$,故基于

$$P\left\{\left|\frac{\sqrt{n}(\overline{X} - \mu)}{\sigma}\right| \leqslant z_{\alpha/2}\right\} = 1 - \alpha$$

的方法来得更好。值得一提的是,通过上述示例还可以看出:区间估计的结果对于点估计$\hat{\mu} = \overline{X} = 0$来说,有明显的"补充"及"超越"的意义。

图4.1所示为标准正态密度函数,A,B,C,D分别对应$-z_{\alpha/3}$,$-z_{\alpha/2}$,$z_{2\alpha/3}$,$z_{\alpha/2}$,则BD之间的面积为$1 - \alpha$,AC之间的面积也为$1 - \alpha$。对于标准正态分布的密度函数来说,$f(x)$为$|x|$的单调递减函数,故$f(x)$在CD之间的值大于在AB之间的值(B与D对称),但AB与CD之间的面积均为$\frac{1}{6}\alpha$,故$d_{AB} > d_{CD}$,从而$d_{AC} > d_{BD}$,从而$(z_{-\alpha/3}, z_{2\alpha/3})$的长度大于$(-z_{\alpha/2}, z_{\alpha/2})$。因此,对于正态而言,对称的区间估计是最好的估计,t分布也有类似的性质,但χ^2分布和F分布的情形要复杂得多(见下节)

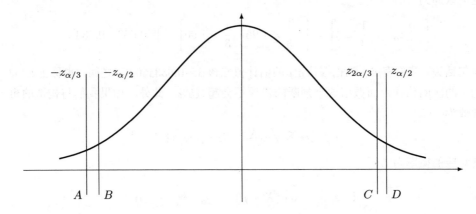

图 4.1　标准正态分布的密度函数

§4.2　正态总体情形的区间估计

正态总体情形参数的区间估计在上一节已有所讨论,此节主要就单个正态总体和两个正态总体分别的期望和方差进行区间估计。

（一）σ^2已知，μ的区间估计

设$X \sim N(\mu,\ \sigma_0^2)$，$X_1$，$X_2$，$\cdots$，$X_n$为i.i.d.样本（下同）。由于

$$\frac{\sqrt{n}(\overline{X} - \mu)}{\sigma_0} \sim N(0,\ 1),$$

根据上节的讨论，我们采用以下"最优方法"，有

$$P\left\{\left|\frac{\sqrt{n}(\overline{X} - \mu)}{\sigma_0} \leqslant z_{\alpha/2}\right|\right\} = 1 - \alpha,$$

故μ的置信水平为$1 - \alpha$的置信区间为

$$\overline{X} \pm \frac{\sigma_0}{\sqrt{n}} z_{\alpha/2}。$$

同理可知μ的置信水平$1 - \alpha$的单侧置信上、下限分别为

$$\overline{X} + \frac{\sigma_0}{\sqrt{n}} z_\alpha$$

及

$$\overline{X} - \frac{\sigma_0}{\sqrt{n}} z_\alpha。$$

（二）σ^2未知，μ的区间估计

由于

$$\frac{\sqrt{n}(\overline{X} - \mu)}{S_{n-1}} \sim t(n-1),$$

得到

$$P\left\{\left|\frac{\sqrt{n}(\overline{X} - \mu)}{S_{n-1}}\right|\right\} \leqslant t_{\alpha/2}(n-1),$$

从而得到μ的水平$1 - \alpha$的置信区间为

$$\overline{X} \pm \frac{S_{n-1}}{\sqrt{n}} t_{\alpha/2}(n-1),$$

其中

$$S_{n-1}^2 = \frac{1}{n-1} \sum_{i=1}^{n} (X_i - \overline{X})^2。$$

同理可知道μ的水平$1 - \alpha$的置信上、下限分别为

$$\overline{X} + \frac{S_{n-1}}{\sqrt{n}} t_\alpha$$

及

$$\overline{X} - \frac{S_{n-1}}{\sqrt{n}} t_\alpha。$$

例 4.2.1 从正态总体 $X \sim N(\mu, \ \sigma^2)$ 中，抽取容量为25的i.i.d.样本 X_1, X_2, $\cdots$, X_{25}，经计算得

$$\sum_{i=1}^{25} X_i = 500, \ \sum_{i=1}^{25} X_i^2 = 10600。$$

求 μ 的置信水平95%的区间估计。

解：由于

$$\overline{X} = \frac{1}{n} \sum_{i=1}^{n} X_i = \frac{1}{25} \sum_{i=1}^{25} X_i = 20,$$

$$\sum_{i=1}^{n} (X_i - \overline{X})^2 = \sum_{i=1}^{n} X_i^2 - n\overline{X}^2 = 10600 - 25 \times 400 = 600,$$

故

$$S_{n-1}^2 = \frac{1}{n-1} \sum_{i=1}^{n} (X_i - \overline{X})^2 = \frac{1}{24} \times 600 = 25。$$

又 $t_{0.025}(24) = 2.0639$，从而得到 μ 的置信水平95%的置信区间为

$$\left[20 - \frac{5}{\sqrt{25}} \times 2.0639, \ 20 + \frac{5}{\sqrt{25}} \times 2.0639 \right] = [17.936, \ 22.064]。$$

（三）σ^2 的区间估计

设总体 $X \sim N(\mu, \ \sigma^2)$, X_1, X_2, $\cdots$, X_n 为i.i.d.样本。由于

$$\frac{nS_n^2}{\sigma^2} \sim \chi^2(n-1),$$

故

$$P\left\{ \frac{nS_n^2}{\sigma^2} \geqslant \chi_\alpha^2(n-1) \right\} = \alpha,$$

其中

$$S_n^2 = \frac{1}{n} \sum_{i=1}^{n} (X_i - \overline{X})^2$$

为σ^2的极大似然估计，从而

$$P\left\{\frac{nS_n^2}{\sigma^2} \leqslant \chi_\alpha^2(n-1)\right\} = 1-\alpha,$$

可得

$$P\left\{\sigma^2 \geqslant \frac{nS_n^2}{\chi_\alpha^2(n-1)}\right\} = 1-\alpha,$$

故σ^2的水平$1-\alpha$的置信下限为

$$\frac{nS_n^2}{\chi_\alpha^2(n-1)}。$$

同理可得σ^2的水平$1-\alpha$的置信上限为

$$\frac{nS_n^2}{\chi_{1-\alpha}^2(n-1)}。$$

又考虑到

$$P\left\{\chi_{1-\alpha/2}^2 \leqslant \frac{nS_n^2}{\sigma^2} \leqslant \chi_{\alpha/2}^2(n-1)\right\} = 1-\alpha,$$

可得到σ^2的水平$1-\alpha$的区间估计

$$\left[\frac{nS_n^2}{\chi_{\alpha/2}^2(n-1)}, \ \frac{nS_n^2}{\chi_{1-\alpha/2}^2(n-1)}\right]。$$

对于σ^2的区间估计，不妨一般性令$nS_n^2 = 1000$，则区间估计为

$$\left[\frac{1000}{\chi_{\alpha/2}^2(n-1)}, \ \frac{1000}{\chi_{1-\alpha/2}^2(n-1)}\right]。$$

以$n=86$，$\alpha=0.3$为例，则此区间估计的长度为

$$\frac{1000}{\chi_{0.15}^2(85)} - \frac{1000}{\chi_{0.85}^2(85)},$$

由

$$\chi_\alpha^2(n) \approx \frac{1}{2}(z_\alpha + \sqrt{2n-1})^2 \quad (n \geqslant 46),$$

可知

$$\chi_{0.85}^2(85) \approx \frac{1}{2}(z_{0.85} + 13)^2 \approx 71.563。$$

同理$\chi_{0.15}^2(85) \approx 98.561$，故区间长度为

$$\frac{1000}{71.563} - \frac{1000}{98.561} \approx 3.828。$$

考察σ^2的另外两个水平70%的区间估计

$$\left[\frac{1000}{\chi_{0.9}^2(85)}, \frac{1000}{\chi_{0.2}^2(85)}\right]$$

及

$$\left[\frac{1000}{\chi_{0.8}^2(85)}, \frac{1000}{\chi_{0.1}^2(85)}\right],$$

由$\chi_{0.9}^2(85) \approx 68.661$，$\chi_{0.2}^2(85) \approx 95.7952$，$\chi_{0.8}^2(85) \approx 73.9131$，$\chi_{0.1}^2(85) \approx 101.9814$计算得两区间的长度分别为4.1254及3.7237，结果表明

$$\left[\frac{nS_n^2}{\chi_{\alpha/2}^2(n-1)}, \frac{nS_n^2}{\chi_{1-\alpha/2}^2(n-1)}\right]$$

并不是最好的区间估计。

如图4.2所示，从原点往右的6小块阴影面积分别为$\alpha/3$，$\alpha/6$，$\alpha/6$，$\alpha/6$，$\alpha/6$，$\alpha/3$，则A，B，C，D，E，F分别对应于$\chi_{1-\alpha/3}^2$，$\chi_{1-\alpha/2}^2$，$\chi_{1-2\alpha/3}^2$，$\chi_{2\alpha/3}^2$，$\chi_{\alpha/2}^2$，$\chi_{\alpha/3}^2$。由于χ^2的密度函数到达$x=n-2$时最大，假定C在x的左侧且D在x的右侧，故在d_{AD}，d_{BE}，d_{CF}中，当$d_{BE} > d_{AD}$时，AB之间的密度函数取值必定大于DE之间的密度函数取值，即图形中AB之间的高度高于DE之间的高度（为方便起见，简记为$h_{AB} > h_{DE}$，下面采用相同的简写方式）。又考虑到密度函数的单调性知，$h_{AB} < h_{BC}$且$h_{DE} > h_{EF}$，则得到$h_{BC} > h_{EF}$，必有$d_{BE} < d_{CF}$。同理，若$d_{BE} > d_{CF}$，则必有$d_{BE} < d_{AD}$，即BE的长度并不一定是最短的（对应于面积为$1-\alpha$）。但由于置信区间的长度取决于自由度n及置信水平$1-\alpha$，故习惯上还是把

$$\left[\frac{nS_n^2}{\chi_{\alpha/2}^2(n-1)}, \frac{nS_n^2}{\chi_{1-\alpha/2}^2(n-1)}\right]$$

作为σ^2的置信区间，虽然它并不是最优的区间估计。

（四）两个正态总体参数的区间估计

设$X \sim N(\mu_1, \sigma_1^2)$，$X_1, X_2, \cdots, X_m$为i.i.d.样本；$Y \sim N(\mu_2, \sigma_2^2)$，$Y_1, Y_2, \cdots, Y_n$为i.i.d.样本，$X$与$Y$相互独立。

1）$\sigma_1^2 \neq \sigma_2^2$，但均已知，求$\mu_1 - \mu_2$的区间估计。

考察统计量

$$(\overline{X} - \overline{Y}) \sim N\left(\mu_1 - \mu_2, \frac{\sigma_1^2}{m} + \frac{\sigma_2^2}{n}\right),$$

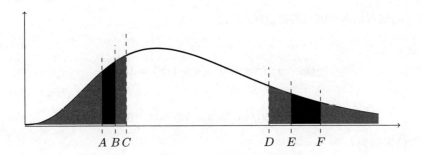

图 4.2 χ^2分布的密度函数

故

$$\frac{\overline{X} - \overline{Y} - (\mu_1 - \mu_2)}{\sqrt{\frac{\sigma_1^2}{m} + \frac{\sigma_2^2}{n}}} \sim N(0, \; 1),$$

从而可得到$\mu_1 - \mu_2$的置信水平$1 - \alpha$的置信水平为

$$\overline{X} - \overline{Y} \pm z_{\alpha/2}\sqrt{\frac{\sigma_1^2}{m} + \frac{\sigma_2^2}{n}}。$$

同理也可得到$\mu_1 - \mu_2$的单侧上、下置信限。需要特别提醒的是，此时若求μ_1/μ_2的区间估计，则选择统计量去求置信区间是十分困难的，因为通常的$\overline{X}/\overline{Y}$的统计性质是难以精确确定的（下同）。

2)σ_1^2，σ_2^2均未知，但相等，即$\sigma_1^2 = \sigma_2^2 = \sigma^2$，求$\mu_1 - \mu_2$的区间估计。

由定理2.3.4，

$$\frac{\overline{X} - \overline{Y} - (\mu_1 - \mu_2)}{S_w\sqrt{\frac{1}{m} + \frac{1}{n}}} \sim t(m + n - 2),$$

故$\mu_1 - \mu_2$的置信区间为

$$\overline{X} - \overline{Y} \pm t_{\alpha/2}(m + n - 2)S_w\sqrt{\frac{1}{m} + \frac{1}{n}},$$

其中

$$S_w^2 = \frac{(m-1)S_1^2 + (n-1)S_2^2}{m + n - 2}。$$

例 4.2.2 分别从两个独立正态总体$X \sim N(\mu_1, \; \sigma^2)$及$Y \sim N(\mu_2, \; \sigma^2)$中抽取$m = 20$，$n = 25$ 的i.i.d.样本。经计算得

$$\overline{X} = 15, \; \overline{Y} = 20, \; \sum_{i=1}^{n}(X_i - \overline{X})^2 = 100, \; \sum_{i=1}^{n}(Y_i - \overline{Y})^2 = 150,$$

求$\mu_1 - \mu_2$的置信水平95%的置信区间。

解：由于

$$(m-1)S_1^2 = 100, \quad (n-1)S_2^2 = 150,$$

故

$$S_w^2 = 250/43, \quad t_{0.025}(43) = 2.0167,$$

从而置信区间为

$$15 - 20 \pm \sqrt{\frac{250}{43}} \times \sqrt{\frac{45}{500}} \times 2.0167,$$

约为$[-6.46, \ -3.54]$。

这里的$\sigma_1^2 = \sigma_2^2 = \sigma^2$这一已知条件从道理上来看似乎有些牵强，即主观地认定两个未知的方差相等，在第5章的假设检验中我们可以知道这个条件是有一定的根据的。

如果σ_1^2，σ_2^2均未知且不相等，即关于$\mu_1 - \mu_2$的区间估计必须基于m，n较大的情形，详情可参见§4.4。

3)求σ_1^2/σ_2^2的区间估计。

对两个正态总体方差的比较，是数理统计中一项比较重要的工作，这项工作在实际应用（如经济、金融、工程等）中有着重要的显示意义。

因为

$$\frac{(m-1)S_1^2}{\sigma_1^2} \sim \chi^2(m-1), \quad \frac{(n-1)S_2^2}{\sigma_2^2} \sim \chi^2(n-1),$$

其中

$$S_1^2 = \frac{1}{m-1} \sum_{i=1}^{m} (X_i - \overline{X})^2, \quad S_2^2 = \frac{1}{n-1} \sum_{i=1}^{n} (Y_i - \overline{Y})^2,$$

故

$$\frac{(m-1)S_1^2}{(m-1)\sigma_1^2} \bigg/ \frac{(n-1)S_2^2}{(n-1)\sigma_2^2} \sim F(m-1, \ n-1),$$

即

$$\frac{\sigma_2^2}{\sigma_1^2} \cdot \frac{S_1^2}{S_2^2} \sim F(m-1, \ n-1)。$$

同理也可得到

$$\frac{\sigma_1^2}{\sigma_2^2} \cdot \frac{S_2^2}{S_1^2} \sim F(n-1, \ m-1)。$$

由

$$P\left\{ F_{1-\alpha/2}(n-1, \ m-1) \leqslant \frac{\sigma_1^2}{\sigma_2^2} \cdot \frac{S_2^2}{S_1^2} \leqslant F_{\alpha/2}(n-1, \ m-1) \right\} = 1 - \alpha,$$

可知σ_1^2/σ_2^2的一个置信水平$1-\alpha$的区间估计为

$$\left[\frac{S_1^2}{S_2^2}F_{1-\alpha/2}(n-1,\ m-1),\ \frac{S_1^2}{S_2^2}F_{\alpha/2}(n-1,\ m-1)\right].$$

类似于χ^2情形，这个区间估计并不一定是最优的。此外，σ_1^2/σ_2^2的单侧置信上、下限分别为

$$\frac{S_1^2}{S_2^2}F_\alpha(n-1,\ m-1)$$

及

$$\frac{S_1^2}{S_2^2}F_{1-\alpha}(n-1,\ m-1).$$

同1)，如果欲求$\sigma_1^2-\sigma_2^2$的区间估计将会碰到很大的困难。

　　本节就正态情形未知参数的区间估计进行较为详尽的讨论，大体结论是：均值的区间估计是最好的；方差的区间估计并不是最好的，但由于结果过于复杂，习惯上还是利用χ^2分布或是F分布的上、下$\alpha/2$分位数所对应得到的结论，可以算是一个接近最优的次优结果。

§4.3　若干其他总体未知参数的区间估计

　　在上节中，我们就正态总体未知参数的区间估计进行讨论。在其他分布总体情形下，情况要复杂很多，并没有较为一般性的方法。本节就一些其他常见的构造区间估计的方法进行简要的介绍。

（一）指数情形

此时，

$$X\sim f(x,\ \theta)=\begin{cases}\frac{1}{\theta}\mathrm{e}^{-x/\theta} & x\geqslant 0 \\ 0 & x<0\end{cases},$$

设$X_1,\ X_2,\ \cdots,\ X_n$为其i.i.d.样本。考察Γ分布的密度函数不难发现，$X\sim\Gamma(1,\ \theta)$。根据Γ分布的可加性知

$$\sum_{i=1}^n X_i\sim\Gamma(n,\ \theta),$$

根据χ^2分布的特性可知（χ^2分布也是Γ分布的特例），

$$\frac{2\sum\limits_{i=1}^n X_i}{\theta}\sim\chi^2(2n)=\Gamma(n,\ 2).$$

由

$$P\left\{\chi^2_{1-\alpha/2}(2n) \leqslant \frac{2\sum\limits_{i=1}^{n} X_i}{\theta} \leqslant \chi^2_{\alpha/2}(2n)\right\} = 1-\alpha,$$

可得到指数分布未知参数θ的一个置信水平$1-\alpha$的置信区间为

$$\left[\frac{2\sum\limits_{i=1}^{n} X_i}{\chi^2_{\alpha/2}(2n)}, \frac{2\sum\limits_{i=1}^{n} X_i}{\chi^2_{1-\alpha/2}(2n)}\right]。$$

当然，由于χ^2分布的特性，这个置信区间并非最优。

（二）幂分布情形

此时，

$$X \sim F(x, \theta) = x^\theta \ (0 < x < 1, \ \theta > 0),$$

设$X_1, X_2, \cdots, X_n$为其i.i.d.样本。令$Y = F(X)$，则当$y < 0$，有

$$P\{Y \leqslant y\} = P\{F(X) \leqslant y\} = 0;$$

当$y \geqslant 1$，有

$$P\{Y \leqslant y\} = P\{F(X) \leqslant y\} = 1;$$

当$0 \leqslant y < 1$，有

$$P\{Y \leqslant y\} = P\{F(X) \leqslant y\} = P\{X \leqslant F^{-1}(y)\} = F[F^{-1}(y)] = y,$$

从而有$Y \sim C[0, 1]$。

令$Z = -\ln Y$，则当$z < 0$，有

$$P(Z \leqslant z) = P(-\ln Y \leqslant z) = 0;$$

当$z \geqslant 0$，有

$$P(Z \leqslant z) = P(-\ln Y \leqslant z) = P(\ln Y \geqslant -z)$$
$$= P(Y \geqslant e^{-z}) = 1 - P(Y < e^{-z}) = 1 - e^{-z},$$

故Z服从指数分布，即$Z \sim \Gamma(1, 1)$，从而$-\ln F(X) \sim \Gamma(1, 1)$。因此，

$$-\ln F(X_i) \sim \Gamma(1, 1),$$

即

$$-\ln(X_i)^\theta \sim \Gamma(1,\ 1),$$

则

$$-2\sum_{i=1}^{n}\ln(X_i)^\theta \sim \chi^2(2n),$$

有

$$-2\theta\sum_{i=1}^{n}\ln X_i \sim \chi^2(2n),$$

由

$$P\left\{\chi^2_{1-\alpha/2}(2n) \leqslant -2\theta\sum_{i=1}^{n}\ln X_i \leqslant \chi^2_{\alpha/2}(2n)\right\} = 1-\alpha,$$

可得到θ的置信区间为

$$\left[-\frac{\chi^2_{1-\alpha/2}(2n)}{2\sum\limits_{i=1}^{n}\ln X_i},\ \ -\frac{\chi^2_{\alpha/2}(2n)}{2\sum\limits_{i=1}^{n}\ln X_i}\right]。$$

例 4.3.1 从$X \sim F(x,\ \theta) = x^\theta\ (0 < x < 1)$抽取$n = 10$的样本得到

$$0.99,\ 0.83,\ 0.62,\ 0.82,\ 0.33,\ 0.56,\ 0.21,\ 0.22,\ 0.02,\ 0.55,$$

求θ的水平95%的置信区间（$\alpha = 0.05$）。

解： 查表得$\chi^2_{0.975}(20) = 9.59$，$\chi^2_{0.025}(20) = 34.17$，则

$$-2\sum_{i=1}^{n}\ln X_i = -2 \times (-10.14598) = 20.29196,$$

可得到置信区间为$(0.473,\ 1.684)$。

在这个例子中，其实对于一般的分布函数$F(x,\ \theta)$，均有$Y \sim C[0,\ 1]$且

$$-\ln Y \sim \Gamma(1,\ 1)$$

以及

$$-2\sum_{i=1}^{n}\ln F(X_i) \sim \chi^2(2n),$$

故只要在$-2\sum\limits_{i=1}^{n}\ln F(x_i,\ \theta)$中，可以把$\theta$分离出来，也就是说

$$-2\sum_{i=1}^{n}\ln F(x_i,\ \theta)$$

是θ的可分函数，则基本上都可以通过该方法得到θ的区间估计。

（三）枢轴量法

从这一章前面所讨论的方法大致可以看出，大部分构造参数区间估计的方法就是利用一个包含某统计量和待估未知参数的表达式，此表达式的分布是已知的且与待估参数θ无关。设此表达式为$h(\hat{\theta},\ \theta)$，$\hat{\theta}$为θ的某一统计量，θ为未知参数。若$h(\hat{\theta},\ \theta)$的分布已知，记为ξ。令

$$P\{\xi\geqslant h_{\alpha/2}\}=\alpha/2,$$

则

$$P\{\xi\geqslant h_{1-\alpha/2}=1-\alpha/2\},$$

从而可得

$$P\{h_{1-\alpha/2}\leqslant h(\hat{\theta},\ \theta)\leqslant h_{\alpha/2}\}=1-\alpha,$$

如果能从这个事件出发而得到

$$P\{\hat{\theta}_L\leqslant\theta\leqslant\hat{\theta}_U\}=1-\alpha,$$

则可得到θ的置信区间$(\hat{\theta}_L,\ \hat{\theta}_U)$。在正态情形中，

$$\frac{\sqrt{n}(\overline{X}-\mu)}{S_{n-1}}\sim t(n-1),\ \frac{nS_n^2}{\sigma^2}\sim\chi^2(n-1)$$

以及指数中的

$$\frac{2\sum\limits_{i=1}^{n}X_i}{\theta}\sim\chi^2(2n)$$

等无不如此。我们称这种方法为枢轴量法，其中$h(\hat{\theta},\ \theta)$称为枢轴量。

例 4.3.2 总体X服从均匀分布$C[0,\ \theta]$，X_1，X_2，$\cdots$，X_n为i.i.d.样本，求θ的置信水平$1-\alpha$的置信区间。

解：由例3.4.3中得

$$P\left(\max_{1\leqslant i\leqslant n}\{X_i\}\leqslant y\right)=\left(\frac{y}{\theta}\right)^n。$$

令$Y=\max_{1\leqslant i\leqslant n}\{X_i\}$，即

$$P\{Y\leqslant y\}=\left(\frac{y}{\theta}\right)^n,$$

从而有

$$P\left(\frac{Y}{\theta}\leqslant y\right)=P(Y\leqslant\theta y)=y^n,\ 0<y<1,$$

即Y/θ的分布与θ无关，且其分布函数$F(y)=y^n$，符合枢轴量法的特征，此时的枢轴量

$$h(\hat{\theta},\ \theta)=\frac{Y}{\theta}。$$

对应给定的α，令d满足

$$\int_d^1 f(y)\,\mathrm{d}y=\alpha/2,$$

则

$$1-d^n=\alpha/2\Longrightarrow d=\sqrt[n]{1-\alpha/2}。$$

令C满足

$$\int_C^1 f(y)\,\mathrm{d}y=1-\alpha/2,$$

即

$$\int_0^C f(y)\,\mathrm{d}y=\alpha/2,$$

则

$$C^n=\alpha/2,\ C=\sqrt[n]{\alpha/2},$$

从而有

$$P\left\{C\leqslant\frac{Y}{\theta}\leqslant d\right\}=1-\alpha,$$

故可得到θ的一个区间估计为

$$\left[\frac{\max_{1\leqslant i\leqslant n}\{X_i\}}{d},\ \frac{\max_{1\leqslant i\leqslant n}\{X_i\}}{C}\right],$$

但这个区间估计并不一定是最优的。实际上，设存在b使$1-b^n=k\alpha$（$0\leqslant k\leqslant 1$），存在a使$a^n=(1-k)\alpha$，则

$$P\left\{a\leqslant\frac{Y}{\theta}\leqslant b\right\}=1-\alpha,$$

从而可以得到另一个置信区间

$$\left[\frac{Y}{b}, \frac{Y}{a}\right],$$

则区间长度为

$$\left(\frac{1}{a} - \frac{1}{b}\right)Y。$$

可以看出，第一个估计的长度为 $(1/C - 1/d)\,Y$ 是 $(1/a - 1/b)\,Y$ 的特例（取 $k = \frac{1}{2}$）。如果能够找到适当的 k，使 $1/a - 1/b$ 达到最小，即对应的区间估计就是基于统计量 $\max\limits_{1 \leqslant i \leqslant n} \{x_i\}$ 的最优估计。

令

$$Z = \frac{1}{a} - \frac{1}{b} = (\alpha - k\alpha)^{-\frac{1}{n}} - (1 - k\alpha)^{-\frac{1}{n}},$$

则

$$\begin{aligned}
\frac{\partial Z}{\partial k} &= \frac{\alpha}{n}(\alpha - k\alpha)^{-\frac{1}{n}-1} + \frac{\alpha}{n}(1 - k\alpha)^{-\frac{1}{n}-1} \\
&= \frac{\alpha}{n}[(\alpha - k\alpha)^{-\frac{1}{n}-1} + (1 - k\alpha)^{-\frac{1}{n}-1}] > 0,
\end{aligned}$$

显然 Z 是一个关于 k 的单调递增函数。因此，当 $k = 0$ 时，$(1 - k\alpha)/(\alpha - k\alpha)$ 达到最小，此时 $b = 1$，$a = \sqrt[n]{\alpha}$。故基于充分统计量 $\max\limits_{1 \leqslant i \leqslant n} \{X_i\}$ 的最优区间估计应该是

$$\left[\max\limits_{1 \leqslant i \leqslant n} \{X_i\}, \ \max\limits_{1 \leqslant i \leqslant n} \{X_i\}/\sqrt[n]{\alpha}\right]。$$

例 4.3.3 总体

$$X \sim f(x, \ \theta) = \theta/x^2 \ (0 < \theta < x < +\infty),$$

$X_1, \ X_2, \ \cdots, \ X_n$ 为 i.i.d. 样本，求 θ 的水平 $1 - \alpha$ 的置信区间。

解：易知 X 的分布函数为

$$F(x) = 1 - \frac{\theta}{x} \ (\theta < x < +\infty),$$

故

$$Y = F(X) = 1 - \theta/X \sim C[0, \ 1],$$

从而

$$1 - Y = \theta/X \sim C[0, \ 1]。$$

同幂分布情形有

$$-\ln(\theta/X) \sim \Gamma(1, \ 1),$$

即

$$\ln (X/\theta) \sim \Gamma(1, 1)。$$

同样可得到

$$2\sum_{i=1}^{n}\ln (x_i/\theta) \sim \chi^2(2n),$$

化为

$$2\sum_{i=1}^{n}\ln x_i - 2n\ln \theta \sim \chi^2(2n)（满足枢轴量法的条件）。$$

由

$$P\left\{\chi^2_{1-\alpha/2}(2n) \leqslant 2\sum_{i=1}^{n}\ln x_i - 2n\ln \theta \leqslant \chi^2_{\alpha/2}(2n)\right\} = 1-\alpha$$

得 θ 的水平 $1-\alpha$ 的置信区间为 (e^a, e^b)，其中

$$a = \left[2\sum_{i=1}^{n}\ln x_i - \chi^2_{\alpha/2}(2n)\right]\bigg/ 2n, \quad b = \left[2\sum_{i=1}^{n}\ln x_i - \chi^2_{1-\alpha/2}(2n)\right]\bigg/ 2n。$$

如以 $n = 10$, $\alpha = 0.05$, $\sum_{i=1}^{10}\ln x_i = 10$ 代入，可得到 θ 的置信区间为 $[0.492, 1.683]$。

从这一节的内容可看出，构造未知参数的区间估计有许多规律可循，但要找出所有区间估计中的最优并非易事。就均匀分布而言，我们得到的只是基于 $\max\limits_{1\leqslant i\leqslant n}\{X_i\}$ 的最优区间估计。

§4.4 大样本情形下的渐近区间估计

在许多场合，得出精确的区间估计并非易事。因为基于某统计量的枢轴量的精确抽样分布并不容易得到，但是，当样本容量足够大的时候，可以利用中心极限定理得到渐近的区间估计。

（一）两点分布未知参数的渐近区间估计
设总体 X 服从两点分布：

X	0	1
P	p	q

X_1, X_2, $\cdots$, X_n为i.i.d.样本。求p的区间估计（n较大）。

一般而言，所谓的大样本对n的要求视具体统计推断问题而变化，这并不是一件容易确定的事情，但在未知参数的点估计及区间估计上，一般只要求$n \geqslant 30$，故在本节的讨论中，均认为所谓的大样本满足这个条件。

由中心极限定理得到：

$$\frac{\sum\limits_{i=1}^{n} X_i - np}{\sqrt{np(1-p)}} \sim N(0, 1) \text{（} \sim \text{表示近似服从，也可称依分布收敛），}$$

故有

$$P\left\{\left|\frac{\sum\limits_{i=1}^{n} X_i - np}{\sqrt{np(1-p)}}\right| \leqslant z_{\alpha/2}\right\} \approx 1-\alpha。$$

事件

$$\left\{\left|\frac{\sum\limits_{i=1}^{n} X_i - np}{\sqrt{np(1-p)}}\right| \leqslant z_{\alpha/2}\right\} \Longleftrightarrow \{Ap^2 + Bp + C \leqslant 0\},$$

其中$A = n + z_{\alpha/2}^2$，$B = -(2n\overline{X} + z_{\alpha/2}^2)$，$C = n\overline{X}^2$。由$Ap^2 + Bp + C = 0$解得

$$p_1 = \frac{1}{2A}(-B - \sqrt{B^2 - 4AC}), \quad p_2 = \frac{1}{2A}(-B + \sqrt{B^2 - 4AC}),$$

从而得到p的区间估计为(p_1, p_2)。

例 4.4.1 从一大批产品中抽取$n = 100$的样本，得到3个次品，求次品率的95%的置信区间。

解：经计算：$A = 103.84$，$B = -9.8415$，$C = 0.09$，$\alpha = 0.05$，代入关系式得

$$p_1 \approx 0.01, \quad p_2 \approx 0.08,$$

故得到近似置信区间为$[0.01, 0.08]$。

对于次品率而言，我们通常更加在意的是它的置信上限，也就是说，次品率越低越好。我们希望以高概率保证次品率不会高于某个"门槛"。在本例中，如果要求次品率的置信上限，应该如何求解？首先考察

$$g(p) = \frac{\sum\limits_{i=1}^{n} X_i - np}{\sqrt{np(1-p)}}$$

的单调性，由于

$$g'(p) = \left(-np - \sum_{i=1}^{n} X_i + 2p \sum_{i=1}^{n} X_i \right) / M,$$

其中$M = n^{1/2}[p(1-p)]^{3/2}$为大于0的数。又

$$-np - \sum_{i=1}^{n} X_i + 2p \sum_{i=1}^{n} X_i = (p-1) \sum_{i=1}^{n} X_i + p(\sum_{i=1}^{n} X_i - n) < 0,$$

故$g(p)$是关于$0 < p < 1$的单调递减函数，故

$$P(p \leqslant p_U) \Longleftrightarrow P\{g(p) \geqslant g(p_U)\}。$$

由于

$$P(p \leqslant p_U) = 1 - \alpha \Longleftrightarrow P\{g(p) \geqslant g(p_U)\} = 1 - \alpha,$$

故$g(p_U) \approx -z_\alpha$，求解

$$\frac{\sum\limits_{i=1}^{n} X_i - np}{\sqrt{np(1-p)}} = -z_\alpha$$

可得到符合题意的解。在例4.4.1中，若要求次品率95% 的置信下限，由

$$\frac{\sum\limits_{i=1}^{n} X_i - np}{\sqrt{np(1-p)}} = -z_\alpha,$$

可得置信上限约为0.0727。

（二）均匀分布未知参数的渐近区间估计

求$C[0, \theta]$中θ的渐近区间估计，其中X_1，X_2，$\cdots X_n$为i.i.d.样本，且n较大。

在上节中，我们基于$\max\limits_{1 \leqslant i \leqslant n}\{X_i\}$求得$\theta$的区间估计，但当样本容量较大时，考察$\theta$的无偏估计$2\overline{X}$，依中心极限定理有

$$\frac{2\overline{X} - \theta}{\sqrt{4 \times \frac{1}{12}\theta^2/n}} \overset{\cdot}{\sim} N(0, 1),$$

即

$$\frac{\sqrt{3n}(2\overline{X} - \theta)}{\theta} \overset{\cdot}{\sim} N(0, 1)。$$

由

$$P\left\{\left|\frac{\sqrt{3n}(2\overline{X}-\theta)}{\theta}\right|\leqslant z_\alpha\right\}\approx 1-\alpha$$

即可以得到θ的水平$1-\alpha$的近似置信区间为

$$\left[\frac{2\sqrt{3}\sum\limits_{i=1}^{n}X_i}{\sqrt{3n}+\sqrt{n}z_{\alpha/2}},\ \frac{2\sqrt{3}\sum\limits_{i=1}^{n}X_i}{\sqrt{3n}-\sqrt{n}z_{\alpha/2}}\right]。$$

例 4.4.2 从总体$C[0,\ \theta]$中抽取$n=75$的样本，经计算得

$$\frac{1}{n}\sum_{i=1}^{n}X_i=2。$$

求θ的水平$1-\alpha$的置信区间（$\alpha=0.05$）。

解：由$n=75$，$\sum\limits_{i=1}^{n}X_i=150$，得到$\theta$的近似置信区间为

$$\left[\frac{2\sqrt{3}\times 150}{\sqrt{3}\times 75+\sqrt{75}\times 1.96},\ \frac{2\sqrt{3}\times 150}{\sqrt{3}\times 75-\sqrt{75}\times 1.96}\right]$$

$$=\left[\frac{2\times 150}{75+5\times 1.96},\ \frac{2\times 150}{75-5\times 1.96}\right]\approx[3.54,\ 4.60]。$$

从本例可以看出，当样本容量较大，利用中心极限定理可以比较容易得到未知参数的置信限及置信区间。同理，对于Poisson分布的置信限也可以利用中心极限定理给出。

（三）σ_1^2，σ_2^2均未知时，两正态总体均值的近似置信区间

在§4.2中，当σ_1^2，σ_2^2均未知且不相等情形，无法得到$\mu_1-\mu_2$的区间估计（除非是成对数据，此种情形将在（四）中给予讨论）。

设

$$X\sim N(\mu_1,\ \sigma_1^2),\ X_1,\ X_2,\ \cdots,\ X_m\text{为i.i.d.样本；}$$

$$Y\sim N(\mu_2,\ \sigma_2^2),\ Y_1,\ Y_2,\ \cdots,\ Y_n\text{为i.i.d.样本；}$$

X与Y相互独立。欲求$\mu_1-\mu_2$的水平$1-\alpha$的近似置信区间（m，n较大）。

由

$$\overline{X}-\overline{Y}\sim\left(\mu_1-\mu_2,\ \frac{\sigma_1^2}{m}+\frac{\sigma_2^2}{n}\right)$$

可知

$$\frac{\overline{X} - \overline{Y} - (\mu_1 - \mu_2)}{\sqrt{\frac{\sigma_1^2}{m} + \frac{\sigma_2^2}{n}}} \sim N(0, \ 1)。$$

当m，n较大，以σ_1^2，σ_2^2的极大似然估计

$$S_1^2 = \frac{1}{m} \sum_{i=1}^{m} (X_i - \overline{X})^2$$

及

$$S_2^2 = \frac{1}{n} \sum_{i=1}^{n} (Y_i - \overline{Y})^2$$

替代σ_1^2及σ_2^2，得到统计量

$$\frac{\overline{X} - \overline{Y} - (\mu_1 - \mu_2)}{\sqrt{\frac{S_1^2}{m} + \frac{S_2^2}{n}}}$$

近似服从正态分布，从而可得到$\mu_1 - \mu_2$的水平$1 - \alpha$的近似置信区间为

$$\overline{X} - \overline{Y} \pm z_{\alpha/2} \sqrt{\frac{S_1^2}{m} + \frac{S_2^2}{n}}。$$

例 4.4.3 从正态总体X中抽取$m = 50$的样本，经计算得

$$\overline{X} = 20, \quad \sum_{i=1}^{50} (X_i - \overline{X})^2 = 1500;$$

从正态总体Y中抽取$n = 60$的样本，经计算得

$$\overline{Y} = 25, \quad \sum_{i=1}^{60} (Y_i - \overline{Y})^2 = 2000,$$

求两总体均值差的水平95%的置信区间。

解：$m = 50$，$S_1^2 = 30$，$n = 60$，$S_2^2 = 100/3$，故

$$z_{\alpha/2} \sqrt{\frac{S_1^2}{m} + \frac{S_2^2}{n}} = 1.96 \times \sqrt{\frac{30}{50} + \frac{100}{180}} \approx 2.1069,$$

故$\mu_1 - \mu_2$的置信区间为$[-7.1069, \ -2.8931]$。

　　应该特别注意的是，例4.4.3的方法具有一定的普遍性。在我们所讨论的概型中，若有多个未知参数，而我们感兴趣的只是某个（些）参数，在大样本情形中，可以

把其他参数以其较好的估计值替代，从而得到一个较好的近似结果。例如，在很多情形，需要求变异系数 μ/σ 的近似置信区间，可以采用此法。在例4.4.3 中，由于

$$\frac{\sqrt{m}(\overline{X} - \mu_1)}{\sigma_1} \sim N(0,\ 1),$$

即

$$\sqrt{m}\left(\frac{\overline{X}}{\sigma_1} - \frac{\mu_1}{\sigma_1}\right) \sim N(0,\ 1),$$

用 S_1 代替第一个 σ，即可得到 μ_1/σ_1 的一个近似置信区间

$$\left[\frac{\overline{X}}{S_1} - \frac{1}{\sqrt{n}} z_{\alpha/2},\ \frac{\overline{X}}{S_1} - \frac{1}{\sqrt{n}} z_{\alpha/2}\right]。$$

把例4.4.3的数据代入区间估计表达式，经计算得

$$\left[\frac{20}{\sqrt{30}} - \frac{1}{\sqrt{50}} \times 1.96,\ \frac{20}{\sqrt{30}} + \frac{1}{\sqrt{50}} \times 1.96\right] = [3.3743,\ 3.9287],$$

这是一个比较理想的结果。实际上，还可以先得到 μ 的区间估计，并除以 σ 的一个点估计（如 S_1），从而得到 μ_1/σ_1 的一个近似置信区间为

$$\left[\frac{\overline{X} - \frac{S_1}{\sqrt{m-1}} t_{\alpha/2}(m-1)}{S_1},\ \frac{\overline{X} + \frac{S_1}{\sqrt{m-1}} t_{\alpha/2}(m-1)}{S_1}\right]$$

$$= \left[\frac{\overline{X}}{S_1} - \frac{t_{\alpha/2}(m-1)}{\sqrt{m-1}},\ \frac{\overline{X}}{S_1} + \frac{t_{\alpha/2}(m-1)}{\sqrt{m-1}}\right]$$

这是因为

$$\frac{\sqrt{m-1}(\overline{X} - \mu_1)}{S_1} \sim t(m-1),$$

经计算得

$$\left[\frac{20}{\sqrt{30}} - \frac{2.0096}{7},\ \frac{20}{\sqrt{30}} + \frac{2.0096}{7}\right] = [3.3644,\ 3.9386],$$

可以看出两种方法的估计结果是十分接近的。

（四）成对正态数据均值之差的置信区间

设 $(X,\ Y)$ 为二元正态分布，且 $X \sim N(\mu,\ \sigma_1^2)$，$Y \sim N(\mu_2,\ \sigma_2^2)$，$(X_i,\ Y_i)$ $(i = 1,\ 2,\ \cdots,\ n)$ 为成对样本数据（具体在第5章中的假设检验有更详尽的讨论），求 $\mu_1 - \mu_2$ 的置信区间。

此时令$Z_i = X_i - Y_i$，则诸Z_i可看成从正态总体$N(\mu_1 - \mu_2, \sigma^2)$中抽取的样本，其中$\sigma^2$未知。令

$$\overline{Z} = \frac{1}{n}\sum_{i=1}^{n}Z_i,$$

则可把$\mu_1 - \mu_2$的区间估计看成从单个正态样本中进行推断，从而得到$\mu_1 - \mu_2$的置信区间为

$$\overline{Z} \pm \frac{S_Z}{\sqrt{n}}t_{\alpha/2}(n-1),$$

其中

$$S_Z = \frac{1}{n-1}\sum_{i=1}^{n}(Z_i - \overline{Z})^2。$$

我们也可利用极大似然估计的大样本理论构造近似置信区间。

从前面的讨论知道，对于一个参数的点估计来说，矩法估计（ME）的获取比较容易，最小方差无偏估计（MVUE）的获取比较困难，故在应用中，极大似然估计的获取是个相对比较理想的结果。

设θ的极大似然估计是$\hat{\theta}$，其方差记为$\sigma_n^2(\theta)$，在较之一般情形有

$$\sigma_n^2(\theta) = [nI(\theta)]^{-1},$$

其中$I(\theta)$为定理3.4.1所定义的费歇尔信息量，即

$$I(\theta) = E_\theta\left[\frac{\partial \ln f(x, \theta)}{\partial \theta}\right]^2,$$

则易知$\hat{\theta}$在大样本情形下有渐近正态性$N[\theta, \sigma_n^2(\theta)]$，从而有

$$\frac{\hat{\theta} - \theta}{\sigma_n(\theta)} \to N(0, 1), \quad 当n \to +\infty。$$

类似本节（三），在$\sigma_n(\theta)$中以θ的似然估计$\hat{\theta}$替代θ，即

$$\frac{\hat{\theta} - \theta}{\sigma_n(\hat{\theta})} \to N(0, 1),$$

则可以得到θ的一个渐近区间估计为

$$\hat{\theta} \pm \sigma_n(\hat{\theta})z_{\alpha/2}。$$

例 4.4.4 总体

$$X \sim f(x) = \frac{1}{\theta}\mathrm{e}^{-x/\theta}, \ x > 0,$$

X_1，X_2，$\cdots$，X_n为i.i.d.样本。当n较大时，

$$\frac{\partial \ln f(x, \ \theta)}{\partial \theta} = -\frac{1}{\theta} + \frac{x}{\theta^2},$$

故

$$I(\theta) = E\left(\frac{X}{\theta^2} - \frac{1}{\theta}\right)^2 = \frac{EX^2}{\theta^4} - 2\frac{EX}{\theta^3} + \frac{1}{\theta^2} = \frac{2\theta^2}{\theta^4} - \frac{2\theta}{\theta^3} + \frac{1}{\theta^2} = \frac{1}{\theta^2},$$

$$\sigma_n^2(\theta) = \frac{\theta^2}{n},$$

从而得到θ的渐近区间估计为

$$\overline{X} \pm \frac{\overline{X}}{\sqrt{n}} z_{\alpha/2} = \overline{X}\left(1 \pm \frac{1}{\sqrt{n}} z_{\alpha/2}\right)。$$

例 4.4.5 总体

$$X \sim \frac{\lambda^k}{k!}\mathrm{e}^{\lambda}, \ k = 0, \ 1, \ 2, \ \cdots,$$

则

$$\ln p(k, \ \lambda) = k \ln \lambda - \lambda - \ln(k!),$$

从而

$$\frac{\partial \ln p}{\partial \lambda} = \frac{k}{\lambda} - 1,$$

$$I(\lambda) = E\left(\frac{X}{\lambda} - 1\right)^2 = \frac{1}{\lambda^2}EX^2 - \frac{2}{\lambda}EX + 1 = \frac{\lambda + \lambda^2}{\lambda^2} - \frac{2}{\lambda}\lambda + 1 = \frac{1}{\lambda},$$

故

$$\sigma^2(\lambda) = \frac{\lambda}{n},$$

即

$$\frac{\sqrt{n}(\overline{X} - \lambda)}{\sqrt{\overline{X}}} \to N(0, \ 1),$$

故λ的区间估计为

$$\overline{X} \pm z_{\alpha/2}\sqrt{\frac{\overline{X}}{n}}。$$

例如，当$\overline{X} = 10$，$n = 250$，$\alpha = 0.05$，可得λ的区间估计为$(9.608, \ 10.392)$。

例 4.4.6 总体X服从

$$P\{X = k\} = p^{k-1}(1-p), \ k = 1, \ 2, \ \cdots。$$

X_1, X_2, $\cdots$, X_n为i.i.d.样本。求p的区间估计（n较大）。

解：似然函数为

$$L = p^{\sum\limits_{i=1}^{n} X_i - n}(1-p)^n,$$

则

$$\ln L = \left(\sum_{i=1}^{n} X_i - n\right)\ln p + n\ln(1-p),$$

从而

$$\frac{\partial \ln L}{\partial p} = \frac{\sum\limits_{i=1}^{n} X_i - n}{p} - \frac{n}{1-p},$$

可得p的极大似然估计为

$$\hat{p} = \frac{\sum\limits_{i=1}^{n} X_i - n}{\sum\limits_{i=1}^{n} X_i}。$$

又

$$I(p) = E_p\left[\frac{\partial \ln P(X, \ p)}{\partial p}\right]^2,$$

但

$$\ln P(x, \ p) = (x-1)\ln p + \ln(1-p)$$

$$\Rightarrow \quad \frac{\partial \ln P(x, \ p)}{\partial p} = \frac{x-1}{p} - \frac{1}{1-p}$$

$$\Rightarrow \quad I(p) = \frac{E(X-1)^2}{p^2} - \frac{2}{p(1-p)}E(X-1) + \frac{1}{(1-p)^2}$$

$$= \frac{EX^2 - 2EX + 1}{p^2} - \frac{2}{p(1-p)}(EX - 1) + \frac{1}{(1-p)^2},$$

把

$$EX = \frac{1}{1-p}, \ DX = \frac{p}{(1-p)^2},$$

$$EX^2 = (EX)^2 + DX = \frac{1}{(1-p)^2} + \frac{p}{(1-p)^2} = \frac{1+p}{(1-p)^2}$$

代入上式。经计算得

$$I(p) = \frac{1}{p(1-p)^2},$$

故

$$\sigma_n^2(p) = \frac{1}{n}p(1-p)^2,$$

可得到p的渐近区间估计为

$$\hat{p} \pm z_{\alpha/2}\sqrt{\frac{1}{n}\hat{p}(1-\hat{p})^2}。$$

例如，当$n = 90$，$\sum\limits_{i=1}^{90} X_i = 250$，$\alpha = 0.05$，则计算得

$$\hat{p} = \frac{250-90}{250} = \frac{16}{25},$$

其区间估计为$[0.5805, 0.6995]$。

思考练习题

1. 设有两个独立正态总体$X \sim N(\mu_1, 1)$，$Y \sim N(\mu_2, 1)$，分别从两总体中抽取i.i.d.样本$x_1, x_2, \cdots, x_m$；$y_1, y_2, \cdots, y_n$。令$\theta = P(X > Y)$，求θ的水平95%的置信下限。

2. 设总体X服从$N(\mu, 1)$，样本容量n多大时才能保证所得到的μ的区间估计长度不大于1？（$\alpha = 0.05$）

3. 从均匀总体$C[0, \theta]$中抽取$n = 100$的i.i.d.样本，经计算得到

$$\sum_{i=1}^{100} X_i = 200,$$

其中$\max\limits_{1 \leqslant i \leqslant n}\{X_i\} = 4.2$，请给出至少两种不同方法的$\theta$的置信水平95%的（近似）置信区间。

4. 从指数分布

$$X \sim f(x) = \frac{1}{\theta}e^{-x/\theta} \ (x \geqslant 0)$$

中抽取$n = 80$的i.i.d.样本，经计算得到

$$\sum_{i=1}^{80} X_i = 100,$$

请给出3种不同方法的θ的置信水平95%的（近似）置信区间。

5. 从正态总体$X \sim N(\mu, \sigma^2)$中抽取$n = 200$的i.i.d.样本，经计算得

$$\sum_{i=1}^{200} X_i = 1000, \quad \sum_{i=1}^{200} X_i^2 = 10000。$$

令$\theta = \sigma/\mu$，求θ的水平95%的近似置信区间。

6. 用两种不同材料分别制作一个高级鞋后跟匹配成一双，让10个女性分别穿这种鞋，经过一段时期观察磨损量(mm)，得到数据见表4.1。假定磨损量服从正态分布，求两种材料磨损量均值之差的置信区间（$\alpha = 0.05$）？

表 4.1　磨损量情况（单位：mm）

左后跟	10.8	12.0	12.5	10.0	10.8	15.0	15.0	18.2	13.5	13.8
右后跟	11.0	11.9	12.4	10.2	10.6	14.8	15.2	18.4	13.0	14.0

7. 设分布函数

$$X \sim f(x) = \frac{1}{\theta} x^{(1-\theta)/\theta}, \quad 0 < x < 1, \quad \theta > 0,$$

且$X_1, X_2, \cdots, X_n$为来自X的i.i.d.样本，求未知参数θ的水平$1 - \alpha$置信区间。

8. 总体

$$X \sim P(\lambda) = \frac{\lambda^k}{k!} e^{-\lambda}, \quad k = 0, 1, 2, \cdots$$

$X_1, X_2, \cdots, X_n$为i.i.d.样本（$n \geqslant 30$），请利用中心极限定理求λ的水平$1 - \alpha$的近似区间估计。

第5章 参数假设检验

§5.1 基本概念

在第3章及第4章，我们使用大量篇幅讨论总体中未知参数（向量）的点估计及区间估计。不管是采用点估计还是区间估计，所得到的结果都与样本容量有关，即使在不同场合抽取同样容量的样本，或在相同条件下不同人做同样的抽样，所得到的结果也不尽相同，只是结果接近而已，所以在区间估计中，所得到的结果必须附加一定的置信水平。换句话说，我们只有$100 \times (1 - \alpha)\%$的概率保证未知参数会落在该区间内。也就是说，对于$\alpha = 0.05$，置信水平为95%，重复相同的试验100次，将得到100个不同的区间估计，未知参数大概会有95次落入区间内。我们再看一个例子，假如根据合同从外国进口一大批大豆，由于事先协议对大豆的尺寸、色泽、营养含量均有规定，根据要求这批大豆按时抵达口岸。由于每颗大豆都不一样，以X代表这批大豆的直径，进一步可认为其服从正态分布（这是合理的），那么外方在产品装运之前肯定会根据合同要求进行筛选，然后认为合格而装货。根据统计学原理，则外方其实已经进行了这批装货的估计（认为是合格的，即不管是平均直径或是方差都符合规定）。当大豆到达口岸后，我方当然要进行验货，由于各种不同条件的限制，不可能像装货时进行逐批详细检查，此时，对待这批货进行"识别"所抽取的样本容量双方肯定是不同的，也就是说验货方既处于信息非对称的"劣势"，也无法像在原产地那样进行筛选。当然，交货方也面临着不符合协议条件而被退货的巨大风险。一般来说，交货方所进行的统计抽样容量较大，相比较而言，验货方的统计抽样容量较小，则双方所得到的结果将会有所差别，故必须制订一个双方能够接受的规则，使得在执行合同时有个妥当的折中方案。

例 5.1.1 从声称服从正态分布$N(0.5, 0.015^2)$的总体中抽取$n = 9$的样本：

0.497，0.512，0.506，0.515，0.518，0.524，0.520，0.511，0.498，

那么均值0.5，标准差0.015是根据合同要求规定的质量标准（某食品每包重量），这9包样本是验货方验货时的实际结果。现在的问题是：是否接受这批产品？为什么？

一个更加普遍性的问题：从正态总体$X \sim N(\mu, \sigma^2)$中抽取样本得到X_1，X_2，$\cdots$，X_n，可否认为均值$\mu = \mu_0$（μ_0是一个已知的值）？

μ_0相当于一个协议中的值，X_1，X_2，$\cdots$，X_n相当于验货方的工作，我们尊重交货方的工作，首先以"疑罪从无"的原则认为产品是合格的。所以以原假设H_0代表$\mu = \mu_0$，即$H_0 : \mu = \mu_0$；如果产品不合格，即"$\mu \neq \mu_0$"，就以备择假设H_1表示，也就是$H_1 : \mu \neq \mu_0$。我们把是否同意H_0的工作称为假设检验，其意思是对原假设进行检验，检验的手段就是通过样本X_1，X_2，$\cdots$，X_n来判断。我们必须对假设检验的逻辑思路进行详细的演绎：首先认为原假设是对的，即H_0成立；当H_0成立时，则有些"大概率事件"是必须发生的，有些"小概率事件"是不该发生的，但对于一个总体来说，"大概率事件"与"小概率事件"都是无穷多的，因此，如何选择合理的事件来度量H_0则成为关键。当H_0真时，即$\mu = \mu_0$，有

$$\frac{\sqrt{n}(\overline{X} - \mu_0)}{S_{n-1}} \sim t(n-1),$$

则

$$\left\{ \left| \frac{\sqrt{n}(\overline{X} - \mu_0)}{S_{n-1}} \right| \leqslant t_{\alpha/2}(n-1) \right\}$$

发生的概率为$1 - \alpha$，当α较小时，此为大概率事件。同理，

$$\left\{ \left| \frac{\sqrt{n}(\overline{X} - \mu_0)}{S_{n-1}} \right| > t_{\alpha/2}(n-1) \right\}$$

为小概率事件，令其为A，则$P(A) = \alpha$。事件A可化为

$$\left\{ |\overline{X} - \mu_0| > \frac{S_{n-1}}{\sqrt{n}} t_{\alpha/2}(n-1) \right\},$$

把

$$\frac{S_{n-1}}{\sqrt{n}} t_{\alpha/2}(n-1)$$

作为一个"门槛"，记为K，则事件A为$\{|\overline{X} - \mu_0| > K\}$。当$A$发生时，即$\overline{X}$与$\mu_0$的距离超过$K$，作为真实$\mu$的最佳估计为$\overline{X}$，如果与$\mu_0$距离偏远，我们当然倾向于拒绝$H_0$，否则则无法拒绝。也就是说，当$A$发生时，其实本身也蕴含着真实的$\mu$不会是$\mu_0$。另外，当$A$发生时，意味着"小概率事件"发生了，也就是说，不太该发生的事情发生了，可能是由于最初的假设有问题。所以，我们将双边检验问题

$$H_0 : \mu = \mu_0, \ H_1 : \mu \neq \mu_0$$

的检验规则定为

$$\begin{cases} |\overline{X} - \mu_0| > K & \text{拒绝}H_0 \\ \text{否则} & \text{不拒绝}H_0 \end{cases}。$$

在上面的讨论中，事件A起了非常关键的作用。一般而言，我们称

$$\frac{\sqrt{n}(\overline{X} - \mu_0)}{S_{n-1}}$$

为检验统计量，事件A必须是基于检验统计量的小概率事件，而且还是一个有利于备择假设发生的事件（用来否定原假设，肯定备择假设）。必须注意的是，我们所做的判断是要冒风险的：有可能是合格的产品被我们拒绝了（弃真），也有可能是不合格的产品被我们接受了（接伪），这是假设检验必须讨论的问题。事实上，当H_0真，但却发生了A而导致拒绝H_0，即为弃真，其概率即为$P_{H_0}(A) = \alpha$（小概率事件发生），通常称α为第I类错误。同理，称$P_{H_1}(\overline{A})$为第II类（或接伪）错误。在数理统计的假设检验中，经常会碰到检验产品的次品率或构件的可靠度等问题。次品率当然是越低越好，而可靠度则是越高越好，这类似于区间估计的单侧置信限，我们所关心的是指标的上界或下界。对于上面的例子，相应有

$$H_0 : \mu \leqslant \mu_0, \ H_1 : \mu > \mu_0,$$

称为右边检验；

$$H_0 : \mu \geqslant \mu_0, \ H_1 : \mu < \mu_0,$$

称为左边检验。通常把左边检验和右边检验并称为单边检验，而把

$$H_0 : \mu = \mu_0, \ H_1 : \mu \neq \mu_0,$$

称为双边检验。把只考虑第I类错误而不考虑第II类错误的假设检验称为显著性检验，A称为拒绝域，$\overline{A}$称为接受域。

此外，我们还注意到，对于大概率事件

$$\overline{A} = \left\{ \left| \frac{\sqrt{n}(\overline{X} - \mu_0)}{S_{n-1}} \right| \leqslant t_{\alpha/2}(n-1) \right\},$$

恰好是构造区间估计所使用的方法（只是把μ_0换成μ），所以，区间估计中得到的区间估计其相应的置信水平为$1 - \alpha$，即参数落在区间为大概率事件，而我们可以通过对应的小概率事件构造假设检验的拒绝域。

上面的讨论虽然基于正态情况，但在其他概型中原理都是相同的。一般而言，能够得到参数的区间估计，则相应参数的假设检验问题也就得到解决，这种现象称

为"对偶"或"共轭"，故接下来关于各种概型的假设检验问题可参照上一章的讨论而展开。

另一个有趣且需要给予注意的问题是，如果把原假设和备择假设位置对调一下，即考虑

$$H_0 : \mu \neq \mu_0, \ H_1 : \mu = \mu_0,$$

也就是一开始就假定"交货方"不合格，那么将使未知参数在检验一开始便处于未知状态而导致下一步工作无法展开。这更进一步说明必须遵循"疑罪从无"的准则，因为你一开始并没能提出更加建设性的方案，从而不能轻易否定别人的工作。同样，对于检验问题

$$H_0 : \mu \leqslant \mu_0, \ H_1 : \mu > \mu_0,$$

一般不可以将其写成

$$H_0 : \mu < \mu_0, \ H_1 : \mu \geqslant \mu_0,$$

这是因为前面一个检验问题的原假设所包含的信息比备择假设更加准确：$\mu \leqslant \mu_0$意味着虽然μ不会超过μ_0，但有可能等于μ_0，而$\mu > \mu_0$只能判断μ超过μ_0，而具体的尺度并不明确。综上所述，在显著性假设检验中，一般把信息较为明确的假设作为原假设，把信息相对不明确的假设作为备择假设。

§5.2 正态情形下参数的显著性检验

（一）当σ^2已知时，正态分布$N(\mu, \ \sigma^2)$关于μ的假设检验

设$\sigma^2 = \sigma_0^2$为已知，$X_1, \ X_2, \ \cdots, \ X_n$ 为i.i.d.样本。

(1)考虑双边检验：

$$H_0 : \mu = \mu_0, \ H_1 : \mu \neq \mu_0。$$

对于这个检验问题：沿用§5.1的思路，当H_0真，有

$$\frac{\sqrt{n}(\overline{X} - \mu_0)}{\sigma_0} \sim N(0, \ 1),$$

根据假设检验的思想，由

$$P\left\{ \left| \frac{\sqrt{n}(\overline{X} - \mu_0)}{\sigma_0} \right| > z_{\alpha/2} \right\} = \alpha$$

可知，对应于§5.1的小概率事件即为

$$\left\{ \left| \frac{\sqrt{n}(\overline{X} - \mu_0)}{\sigma_0} \right| > z_{\alpha/2} \right\}$$

或

$$\left\{|\overline{X} - \mu_0| > \frac{\sigma_0}{\sqrt{n}} z_{\alpha/2}\right\}。$$

事件A既是一个小概率事件，又是一个有利于H_1发生的事件，故对本假设检验采取如下的Z检验法，即

$$\begin{cases} \left|\frac{\sqrt{n}(\overline{X} - \mu_0)}{\sigma_0}\right| > z_{\alpha/2} & \text{拒绝} H_0 \\ \text{否则} & \text{接受} H_0 \end{cases}。$$

例 5.2.1 从$X \sim N(\mu,\ 3^2)$的总体中抽取$n = 16$的样本，经计算得

$$\sum_{i=1}^{16} X_i = 80,$$

可否认为$\mu = 4.5$（$\alpha = 0.05$）？

解：假设检验问题为

$$H_0 : \mu = 4.5,\ \ H_1 : \mu \neq 4.5,$$

所使用的检验统计量为

$$Z = \frac{\sqrt{n}(\overline{X} - \mu_0)}{\sigma_0} = \frac{\sqrt{16} \times (\frac{80}{16} - 4.5)}{3} = \frac{2}{3},$$

则

$$|Z| = \frac{2}{3} < z_{\alpha/2} = 1.96,$$

故无法拒绝H_0，可认为$\mu = 4.5$。

从这个例子可以发现，虽然$\overline{X} = 5$与$\mu_0 = 4.5$有些差距，但$\mu_0 = 4.5$相当于是"交货方"的工作，而我们进行有限容量16的抽样，并不能轻易推翻原假设，这也是假设检验与区间估计的重要差别之一。

(2)考虑右边检验：

$$H_0 : \mu \leqslant \mu_0,\ \ H_1 : \mu > \mu_0。$$

这是一个单边检验的问题，我们需要构造一个小概率事件，且这个事件有利于备择假设的发生。基于这两点的小概率事件A一旦发生了，则是在原假设成立下小概率事件的发生，而它的发生本身又倾向于H_1的事件，故检验法就可以由此产生：

$$\begin{cases} A\text{发生} & \text{拒绝} H_0\text{（认为} H_1\text{成立）} \\ \overline{A}\text{发生} & \text{无法拒绝} H_0\text{（接受} H_0\text{）} \end{cases}。$$

又当 H_0 成立时，即 $\mu \leqslant \mu_0$ 成立时，由于真实的 μ 是未知的，在原假设成立下的 μ 也是未知的，故我们需要制造一个恰当的小概率事件，此时

$$\frac{\sqrt{n}(\overline{X} - \mu_0)}{\sigma_0} = \frac{\sqrt{n}(\overline{X} - \mu)}{\sigma_0} + \frac{\sqrt{n}(\mu - \mu_0)}{\sigma_0},$$

因为

$$\frac{\sqrt{n}(\overline{X} - \mu)}{\sigma_0} \sim N(0, 1),$$

故

$$\frac{\sqrt{n}(\overline{X} - \mu_0)}{\sigma_0}$$

并不是标准正态 $N(0, 1)$，但

$$P_{\mu \leqslant \mu_0}\left\{ \frac{\sqrt{n}(\overline{X} - \mu_0)}{\sigma_0} > z_\alpha \right\} = P_{\mu \leqslant \mu_0}\left\{ \frac{\sqrt{n}(\overline{X} - \mu)}{\sigma_0} + \frac{\sqrt{n}(\mu - \mu_0)}{\sigma_0} > z_\alpha \right\}。$$

令

$$A = \left\{ \frac{\sqrt{n}(\overline{X} - \mu_0)}{\sigma_0} > z_\alpha \right\}, \quad B = \left\{ \frac{\sqrt{n}(\overline{X} - \mu)}{\sigma_0} > z_\alpha \right\},$$

在 H_0（即 $\mu \leqslant \mu_0$）成立下，由于

$$\frac{\sqrt{n}(\overline{X} - \mu)}{\sigma_0} \geqslant \frac{\sqrt{n}(\overline{X} - \mu_0)}{\sigma_0},$$

故当 A 发生时，即

$$\frac{\sqrt{n}(\overline{X} - \mu_0)}{\sigma_0} > z_\alpha,$$

则必有

$$\frac{\sqrt{n}(\overline{X} - \mu)}{\sigma_0} > z_\alpha,$$

故 $A \subset B$，从而 $P(A) \leqslant P(B)$，又 $P(B) = \alpha$，故 $P(A) \leqslant \alpha$，即 A 为一小概率事件。

同时，当 A 发生时，有

$$(\overline{X} - \mu_0) > \frac{\sigma_0}{\sqrt{n}} z_\alpha,$$

即

$$\overline{X} > \mu_0 + \frac{\sigma_0}{\sqrt{n}} z_\alpha,$$

由于 $\overline{X}$ 偏大，反映在均值 μ 上有偏大的倾向，故倾向于认为 H_1（即 $\mu > \mu_0$）成立。综上所述，检验规则为

$$\begin{cases} \overline{X} > \mu_0 + \frac{\sigma_0}{\sqrt{n}} z_\alpha & \text{拒绝} H_0 \\ \text{否则} & \text{接受} H_0 \end{cases}。$$

同理，对于左边检验：

$$H_0 : \mu \geqslant \mu_0, \ H_1 : \mu < \mu_0$$

的检验规则为

$$\begin{cases} \overline{X} < \mu_0 - \frac{\sigma_0}{\sqrt{n}} z_\alpha & \text{拒绝} H_0 \\ \text{否则} & \text{接受} H_0 \end{cases}。$$

例 5.2.2 从 $X \sim N(\mu, \ 5^2)$ 中取 $n = 25$ 的样本，经计算得

$$\sum_{i=1}^{25} X_i = 100,$$

可否认为 $\mu \geqslant 4.5$（$\alpha = 0.05$）？

解：要检验的问题是

$$H_0 : \mu \geqslant 4.5, \ H_1 : \mu < 4.5。$$

由于 $\overline{X} = 4$，则

$$\mu_0 - \frac{\sigma_0}{\sqrt{n}} z_\alpha = 4.5 - \frac{5}{5} \times 1.645 = 2.855,$$

故

$$\overline{X} > \mu_0 - \frac{\sigma}{\sqrt{n}} z_\alpha,$$

无法拒绝 H_0，认为 $\mu \geqslant 4.5$。

由于 $\overline{X} = 4$，结论有点意外（这是假设检验与区间估计的差别之一），故在讨论假设检验时，往往需要引入第 II 类错误的维度，并给出适当的样本容量才能比较完整地体现假设检验的思想。

（二）当 σ^2 未知，正态分布 $N(\mu, \ \sigma^2)$ 关于 μ 的假设检验

在情形（一）中，σ^2 已知的条件在实际应用中往往很难满足；当 σ^2 未知时，可以利用 t 统计量进行检验。

(1)考虑双边检验：

$$H_0 : \mu = \mu_0, \ H_1 : \mu \neq \mu_0。$$

此情形在 §5.1 中已经给出结论，即

$$\begin{cases} \left| \frac{\sqrt{n}(\overline{X} - \mu_0)}{S_{n-1}} \right| > t_{\alpha/2}(n-1) & \text{拒绝} H_0 \\ \text{否则} & \text{接受} H_0 \end{cases}。$$

(2)考虑左边检验：

$$H_0 : \mu \geqslant \mu_0, \ H_1 : \mu < \mu_0 \text{。}$$

由于

$$\frac{\sqrt{n}(\overline{X} - \mu)}{S_{n-1}} \sim t(n-1),$$

令

$$A = \left\{ \frac{\sqrt{n}(\overline{X} - \mu_0)}{S_{n-1}} < -t_\alpha(n-1) \right\},$$

当H_0真，则

$$P(A) = P_{\mu \geqslant \mu_0} \left\{ \frac{\sqrt{n}(\overline{X} - \mu)}{S_{n-1}} + \frac{\sqrt{n}(\mu - \mu_0)}{S_{n-1}} < -t_\alpha(n-1) \right\} \text{。}$$

令

$$B = \left\{ \frac{\sqrt{n}(\overline{X} - \mu)}{S_{n-1}} < -t_\alpha(n-1) \right\},$$

由于在H_0成立下，有

$$\frac{\sqrt{n}(\overline{X} - \mu_0)}{S_{n-1}} \geqslant \frac{\sqrt{n}(\overline{X} - \mu)}{S_{n-1}},$$

显然有$A \subset B$，即$P(A) \leqslant P(B) = \alpha$；且当$A$发生时，有

$$\overline{X} < \mu_0 - \frac{S_{n-1}}{\sqrt{n}} t_\alpha(n-1),$$

即$\overline{X}$偏小，真实的μ有偏小的倾向，故倾向于接受$\mu < \mu_0$，而拒绝H_0。因此，检验规则为

$$\begin{cases} \overline{X} < \mu_0 - \frac{S_{n-1}}{\sqrt{n}} t_\alpha(n-1) & \text{拒绝} H_0 \\ \text{否则} & \text{接受} H_0 \end{cases} \text{。}$$

同理，对于右边检验：

$$H_0 : \mu \leqslant \mu_0, \ H_1 : \mu > \mu_0$$

的检验规则为

$$\begin{cases} \overline{X} > \mu_0 + \frac{S_{n-1}}{\sqrt{n}} t_\alpha(n-1) & \text{拒绝} H_0 \\ \text{否则} & \text{接受} H_0 \end{cases} \text{。}$$

例 5.2.3 从 $X \sim N(\mu,\ \sigma^2)$ 中抽取 $n = 20$ 的样本，经计算得

$$\sum_{i=1}^{20} X_i = 100, \quad \sum_{i=1}^{20} X_i^2 = 880,$$

可否认为 $\mu \leqslant 4$（$\alpha = 0.05$）？

解：要检验的问题是

$$H_0 : \mu \leqslant 4, \quad H_1 : \mu > 4。$$

由于

$$\overline{X} = 5, \quad \sum_{i=1}^{20} (X_i - \overline{X})^2 = \sum_{i=1}^{20} X_i^2 - n\overline{X}^2 = 880 - 20 \times 25 = 380,$$

故

$$S_{n-1}^2 = \frac{1}{n-1} \sum_{i=1}^{20} (X_i - \overline{X})^2 = 20, \quad S_{n-1} = \sqrt{20}。$$

则

$$\mu_0 + \frac{S_{n-1}}{\sqrt{n}} t_\alpha(n-1) = 4 + \sqrt{\frac{20}{20}} \times t_{0.05}(19) = 5.729 > \overline{X},$$

因此，无法拒绝 H_0，即认为 $\mu \leqslant 4$。

（三）正态分布 $N(\mu,\ \sigma^2)$ 关于方差 σ^2 的假设检验

与（一）、（二）类似，设 $X_1,\ X_2,\ \cdots,\ X_n$ 为 i.i.d. 样本。

(1) 考虑双边检验：

$$H_0 : \sigma^2 = \sigma_0^2, \quad H_1 : \sigma^2 \neq \sigma_0^2。$$

由于

$$\frac{nS_n^2}{\sigma^2} \sim \chi^2(n-1),$$

其中

$$S_n^2 = \frac{1}{n} \sum_{i=1}^{n} (X_i - \overline{X})^2,$$

故当 H_0 成立时，有

$$\frac{nS_n^2}{\sigma_0^2} \sim \chi^2(n-1)。$$

由于 S_n^2 是 σ^2 的极大似然估计，故对于 H_0 情形，S_n^2/σ_0^2 应该是一个不能太大也不能太小的统计量。根据假设检验的一般原理，令

$$A = \left\{ \frac{nS_n^2}{\sigma_0^2} < \chi_{1-\alpha/2}^2(n-1) \text{或} \frac{nS_n^2}{\sigma_0^2} > \chi_{\alpha/2}^2(n-1) \right\},$$

则$P(A) = \alpha$；且当A发生时，要么nS_n^2/σ_0^2太小，要么nS_n^2/σ_0^2 太大，都倾向于接受H_1而拒绝H_0。因而对此检验的规则为

$$
\begin{cases}
A发生 & 拒绝H_0 \\
否则 & 接受H_0
\end{cases}。
$$

例 5.2.4 从$X \sim N(\mu,\ \sigma^2)$中抽取$n = 20$ 的样本，经计算得

$$\sum_{i=1}^{20} X_i = 120, \quad \sum_{i=1}^{20} X_i^2 = 1000,$$

试检验$\sigma^2 = 10$（$\alpha = 0.05$）？

解：由于

$$\overline{X} = 6, \quad \sum_{i=1}^{20}(X_i - \overline{X})^2 = \sum_{i=1}^{20} X_i^2 - n\overline{X}^2 = 1000 - 20 \times 36 = 280,$$

故

$$S_n^2 = \frac{280}{20} = 14。$$

对于双边检验：

$$H_0 : \sigma^2 = 10, \ \ H_1 : \sigma^2 \neq 10,$$

因为

$$\frac{nS_n^2}{\sigma_0^2} = \frac{20 \times 14}{10} = 28 < \chi_{0.025}^2(19) = 32.852,$$

且

$$\frac{nS_n^2}{\sigma_0^2} = 28 > \chi_{0.975}^2(19) = 8.907,$$

故A没有发生，接受H_0。

读者可以验证，在例5.2.4中，如果取$\alpha = 0.20$，则$\chi_{0.10}^2(19) = 27.204 < 28$，则$A$发生，就会拒绝$H_0$。故在假设检验中，第I类错误$\alpha$的选择也是影响检验结果的重要因素。

(2)考虑右边检验：

$$H_0 : \sigma \leqslant \sigma_0^2, \ \ H_1 : \sigma^2 > \sigma_0^2。$$

令

$$A = \left\{ \frac{nS_n^2}{\sigma_0^2} > \chi_\alpha^2(n-1) \right\}, \ \ B = \left\{ \frac{nS_n^2}{\sigma^2} > \chi_\alpha^2(n-1) \right\},$$

则当 H_0 成立时，

$$P(A) = P_{\sigma^2 \leqslant \sigma_0^2} \left\{ \frac{nS_n^2}{\sigma_0^2} > \chi_\alpha^2(n-1) \right\}$$

$$\leqslant P_{\sigma^2 \leqslant \sigma_0^2} \left\{ \frac{nS_n^2}{\sigma^2} > \chi_\alpha^2(n-1) \right\} = P(B) = \alpha;$$

且当 A 发生时，意味着 S_n^2/σ_0^2 有偏大的倾向，事件有利于 $\overline{A}$ 的发生，而不利于 A 的发生，故检验规则为

$$\begin{cases} \frac{nS_n^2}{\sigma_0^2} > \chi_\alpha^2(n-1) & \text{拒绝} H_0 \\ \text{否则} & \text{接受} H_0 \end{cases}。$$

同理，对于左边检验：

$$H_0 : \sigma \geqslant \sigma_0^2, \ H_1 : \sigma^2 < \sigma_0^2$$

的检验规则为

$$\begin{cases} \frac{nS_n^2}{\sigma_0^2} < \chi_{1-\alpha}^2(n-1) & \text{拒绝} H_0 \\ \text{否则} & \text{接受} H_0 \end{cases}。$$

（四）两个正态总体的均值之差的显著性检验

假定

$$X \sim N(\mu_1, \ \sigma_1^2), \ X_1, \ X_2, \ \cdots, \ X_m \text{为其i.i.d.样本;}$$

$$Y \sim N(\mu_2, \ \sigma_2^2), \ Y_1, \ Y_2, \ \cdots, \ Y_n \text{为其i.i.d.样本;}$$

且 X 与 Y 相互独立。

(1) σ_1^2，σ_2^2 均已知，考虑双边检验：

$$H_0 : \mu_1 - \mu_2 = \delta, \ H_1 : \mu_1 - \mu_2 \neq \delta,$$

其中 δ 为已知常数，常取 $\delta = 0$。

由于

$$\overline{X} - \overline{Y} \sim N\left(\mu_1 - \mu_2, \ \frac{\sigma_1^2}{m} + \frac{\sigma_2^2}{n} \right),$$

当 H_0 成立时，有

$$Z = \frac{\overline{X} - \overline{Y} - \delta}{\sqrt{\frac{\sigma_1^2}{m} + \frac{\sigma_2^2}{n}}} \sim N(0, \ 1),$$

故检验规则为

$$\begin{cases} |Z| > z_{\alpha/2} & \text{拒绝} H_0 \\ \text{否则} & \text{接受} H_0 \end{cases}。$$

例 5.2.5 分别从独立正态总体 $X \sim N(\mu_1,\ 2^2)$ 及 $Y \sim N(\mu_2,\ 3^2)$ 中抽取 $m = 20,\ n = 25$ 的样本，经计算得：$\overline{X} = 3,\ \overline{Y} = 4$，可否认为 $\mu_1 = \mu_2$（$\alpha = 0.05$）?

解：要检验的问题是

$$H_0 : \mu_1 = \mu_2,\ H_1 : \mu_1 \neq \mu_2 \Longleftrightarrow H_0' : \mu_1 - \mu_2 = 0,\ H_1' : \mu_1 - \mu_2 \neq 0,$$

且

$$|Z| = \left| \frac{3 - 4 - 0}{\sqrt{\frac{2^2}{20} + \frac{3^2}{25}}} \right| = \frac{5\sqrt{14}}{14} < z_{0.025} = 1.96,$$

故接受 H_0，认为 $\mu_1 = \mu_2$。

类似（一）中的(2)情形可知：对于右边检验

$$H_0 : \mu_1 - \mu_2 \leqslant \delta,\ H_1 : \mu_1 - \mu_2 > \delta$$

的检验规则为

$$\begin{cases} Z > z_{\alpha} & \text{拒绝} H_0 \\ \text{否则} & \text{接受} H_0 \end{cases};$$

对于左边检验

$$H_0 : \mu_1 - \mu_2 \geqslant \delta,\ H_1 : \mu_1 - \mu_2 < \delta$$

的检验规则为

$$\begin{cases} Z < -z_{\alpha} & \text{拒绝} H_0 \\ \text{否则} & \text{接受} H_0 \end{cases}。$$

(2)σ_1^2，σ_2^2 未知但相等，考虑双边检验：

$$H_0 : \mu_1 - \mu_2 = \delta,\ H_1 : \mu_1 - \mu_2 \neq \delta。$$

对于此情形中的条件，看起来有点奇怪，但在以下的讨论（见例5.2.8）中可知是有充分理由的。设 $\sigma_1^2 = \sigma_2^2 = \sigma^2$，由

$$\frac{mS_1^2}{\sigma^2} \sim \chi^2(m-1),\ \frac{nS_2^2}{\sigma^2} \sim \chi^2(n-1),$$

其中

$$S_1^2 = \frac{1}{m}\sum_{i=1}^{m}(X_i - \overline{X})^2, \ \ S_2^2 = \frac{1}{n}\sum_{i=1}^{n}(Y_i - \overline{Y})^2,$$

得

$$\frac{mS_1^2 + nS_2^2}{\sigma^2} \sim \chi^2(m+n-2),$$

且

$$\frac{\overline{X} - \overline{Y} - (\mu_1 - \mu_2)}{\sqrt{\frac{\sigma^2}{m} + \frac{\sigma^2}{n}}} \sim N(0, \ 1),$$

从而

$$\frac{\overline{X} - \overline{Y} - (\mu_1 - \mu_2)}{S_w} \sim t(m+n-2),$$

其中

$$S_w = \sqrt{\frac{1}{m} + \frac{1}{n}} \cdot \sqrt{\frac{mS_1^2 + nS_2^2}{m+n-2}}。$$

故当H_0成立时，有

$$\frac{\overline{X} - \overline{Y} - \delta}{S_w} \sim t(m+n-2),$$

则检验规则为

$$\begin{cases} \left|\frac{\overline{X}-\overline{Y}-\delta}{S_w}\right| > t_{\alpha/2}(m+n-2) & \text{拒绝} H_0 \\ \text{否则} & \text{接受} H_0 \end{cases}。$$

类似（二）的方法可以给出单边检验的检验规则（读者可自行推导）。

例 5.2.6 从独立正态总体$X \sim N(\mu_1, \sigma_1^2)$及$Y \sim N(\mu_2, \sigma_2^2)$中，分别抽取$m = 20$，$n = 30$的i.i.d.样本，假定$\sigma_1^2 = \sigma_2^2$，经计算得

$$\overline{X} = 10, \ \overline{Y} = 11, \ \sum_{i=1}^{m}(X_i - \overline{X})^2 = 80, \ \sum_{j-1}^{n}(Y_j - \overline{Y})^2 = 100,$$

可否认为$\mu_1 = \mu_2$（$\alpha = 0.05$）？

解：要检验的问题是

$$H_0 : \mu_1 = \mu_2, \ H_1 : \mu_1 \neq \mu_2。$$

由

$$S_w = \sqrt{\frac{1}{20} + \frac{1}{30}} \times \sqrt{\frac{80+100}{20+30-2}} = \frac{\sqrt{5}}{4}, \ |\overline{X} - \overline{Y}| = 1,$$

得到

$$\left|\frac{\overline{X} - \overline{Y} - \delta}{S_w}\right| = \frac{4\sqrt{5}}{5} < t_{0.025}(48),$$

故接受H_0。

(3)考虑成对数据的假设检验。

在实际应用中，常常遇到成对出现的数据，如汽车的两边轮胎磨损程度、两只鞋子的后跟磨损程度、一个人饭前饭后的某个指标值、某河流若干观测站上下半年水中某成分的含量，此类数据称为成对数据。设(X, Y)为二维正态分布（注意在这里我们并不要求X与Y相互独立），(X_1, Y_1)，(X_2, Y_2)，$\cdots$，(X_n, Y_n)为成对数据，我们感兴趣的是假设检验问题：

$$H_0 : \mu_1 - \mu_2 = \delta, \ H_1 : \mu_1 - \mu_2 \neq \delta,$$

其中μ_1及μ_2分别为X，Y的边缘分布的均值。令$Z_i = X_i - Y_i$，则Z_i可看成从$Z = X - Y$总体中抽取的样本，$i = 1, 2, \cdots, n$，从而可以化为单个正态总体关于均值的检验问题（因为(X, Y)为二维正态分布，所以X，Y的任何线性组合仍然服从正态分布）。由于$Z \sim N(\mu_1 - \mu_2, \sigma^2)$，故

$$\frac{\sqrt{n}[\overline{Z} - (\mu_1 - \mu_2)]}{S_Z} \sim t(n-1),$$

其中

$$\overline{Z} = \frac{1}{n}\sum_{i=1}^{n}(X_i - Y_i), \ S_Z^2 = \frac{1}{n-1}\sum_{i=1}^{n}(Z_i - \overline{Z})^2。$$

当H_0成立时，有

$$\frac{\sqrt{n}(\overline{Z} - \delta)}{S_Z} \sim t(n-1),$$

因而有关此检验问题的规则为

$$\begin{cases} \left|\frac{\sqrt{n}(\overline{Z}-\delta)}{S_Z}\right| > t_{\alpha/2}(n-1) & 拒绝H_0 \\ 否则 & 接受H_0 \end{cases}。$$

例 5.2.7 从(X, Y)中抽取$n = 25$的样本(X_1, Y_1)，(X_2, Y_2)，$\cdots$，(X_{25}, Y_{25})。已知(X, Y)为二维正态分布，令$Z_i = X_i - Y_i$，经计算

$$\sum_{i=1}^{25} Z_i = 12.5, \ \sum_{i=1}^{25} Z_i^2 = 50,$$

可否认为$\mu_1 = \mu_2$（$\alpha = 0.05$）？

解：要检验的问题是

$$H_0 : \mu_1 = \mu_2, \quad H_1 : \mu_1 \neq \mu_2。$$

由于

$$\overline{Z} = \frac{12.5}{25} = 0.5, \quad \sum_{i=1}^{25}(Z_i - \overline{Z})^2 = \sum_{i=1}^{25} Z_i^2 - n\overline{Z}^2 = 50 - 25 \times 0.25 = 43.75,$$

从而

$$S_Z = \sqrt{\frac{43.75}{24}} \Rightarrow \left| \frac{\sqrt{n}(\overline{Z} - \delta)}{S_Z} \right| = \left| 5 \times 0.5 \times \sqrt{\frac{24}{43.75}} \right| < t_{0.025}(24),$$

故接受H_0，认为$\mu_1 = \mu_2$。

对于成对数据的检验，由于检验的是其均值之差，故一定要注意它们的可比性，切忌把不同特征的总体均值进行比较，如血压与身高并不具有可比性。另外还应注意一个现象，如果$X \sim N(\mu_1, \sigma_1^2)$，$X_1, X_2, \cdots, X_n$为i.i.d.样本，$Y \sim N(\mu_2, \sigma_2^2)$，$Y_1, Y_2, \cdots, Y_n$为i.i.d.样本，虽然样本容量相同，但也不一定能使用成对数据的概念，如张三的血压在饭前饭后的测量差是有意义的，而张三饭前的血压与李四饭后的血压之差是没有意义的。又如抽取20个中国成年人的身高与20个美国成年人的身高显然也不能使用成对数据，因为张三的身高要与谁进行比较呢？会出现许多不同的结果而导致混乱。

（五）两个正态总体方差之比的显著性检验

条件同（四）。

(1)考虑双边检验：

$$H_0 : \sigma_1^2 = \sigma_2^2, \quad H_1 : \sigma_1^2 \neq \sigma_2^2。$$

令

$$S_1^2 = \frac{1}{m-1} \sum_{i=1}^{m} (X_i - \overline{X})^2, \quad S_2^2 = \frac{1}{n-1} \sum_{j=1}^{n} (Y_j - \overline{Y})^2,$$

则

$$\frac{(m-1)S_1^2}{\sigma_1^2} \sim \chi^2(m-1), \quad \frac{(n-1)S_2^2}{\sigma_2^2} \sim \chi^2(n-1),$$

从而

$$\frac{S_1^2}{S_2^2} \cdot \frac{\sigma_2^2}{\sigma_1^2} \sim F(m-1, \ n-1)。$$

当H_0成立时，

$$\frac{\sigma_2^2}{\sigma_1^2} = 1。$$

令

$$A = \left\{ \frac{S_1^2}{S_2^2} < F_{1-\alpha/2}(m-1, \ n-1) \text{或} \frac{S_1^2}{S_2^2} > F_{\alpha/2}(m-1, \ n-1) \right\},$$

则$P(A) = \alpha$。根据A的性质可得到检验规则

$$\begin{cases} F_{1-\alpha/2}(m-1, \ n-1) \leqslant \frac{S_1^2}{S_2^2} \leqslant F_{\alpha/2}(m-1, \ n-1) & \text{接受}H_0 \\ \text{否则} & \text{拒绝}H_0 \end{cases}。$$

(2)考虑右边检验：

$$H_0 : \sigma_1^2 \leqslant \sigma_2^2, \ H_1 : \sigma_1^2 > \sigma_2^2。$$

当H_0成立时，$\sigma_1^2/\sigma_2^2 \leqslant 1$。令

$$A = \left\{ \frac{S_1^2}{S_2^2} > F_\alpha(m-1, \ n-1) \right\}, \quad B = \left\{ \frac{S_1^2}{S_2^2} \cdot \frac{\sigma_2^2}{\sigma_1^2} > F_\alpha(m-1, \ n-1) \right\},$$

则有$A \subset B$，从而$P(A) \leqslant P(B) = \alpha$，故检验规则采用

$$\begin{cases} \frac{S_1^2}{S_2^2} > F_\alpha(m-1, \ n-1) & \text{拒绝}H_0 \\ \text{否则} & \text{接受}H_0 \end{cases}。$$

同理，对于左边检验：

$$H_0 : \sigma_1^2 \geqslant \sigma_2^2, \ \sigma_1^2 < \sigma_2^2$$

的检验规则为

$$\begin{cases} \frac{S_1^2}{S_2^2} < F_{1-\alpha}(m-1, \ n-1) & \text{拒绝}H_0 \\ \text{否则} & \text{接受}H_0 \end{cases}。$$

例 5.2.8 从$X \sim N(\mu_1, \ \sigma_1^2)$中抽取$m = 20$的样本，且

$$\sum_{i=1}^{20} X_i = 100, \quad \sum_{i=1}^{20} (X_i - \overline{X})^2 = 200,$$

从$Y \sim N(\mu_2, \ \sigma_2^2)$中抽取$n = 30$的样本，且

$$\sum_{j=1}^{30} Y_j = 160, \quad \sum_{j=1}^{30} (Y_j - \overline{Y})^2 = 320,$$

可否认为$\mu_1 = \mu_2$?（$\alpha = 0.05$）

解：欲检验两正态总体均值的差异性，由于两总体的方差均未知，故采用两个步骤来检验这个问题。

1)先检验

$$H_0 : \sigma_1^2 = \sigma_2^2, \; H_1 : \sigma_1^2 \neq \sigma_2^2。$$

由于

$$S_1^2 = \frac{1}{19} \times 200, \; S_2^2 = \frac{1}{29} \times 320,$$

得到

$$\frac{S_1^2}{S_2^2} = \frac{29 \times 200}{19 \times 320} = \frac{580}{608}。$$

又

$$F_{0.025}(19, \; 29) \approx 2.2, \; F_{0.975}(19, \; 29) = \frac{1}{F_{0.025}(19, \; 29)} \approx \frac{1}{2.2},$$

且

$$\frac{1}{2.2} < \frac{580}{608} < 2.2,$$

故接受H_0，认为$\sigma_1^2 = \sigma_2^2$。

2)虽然σ_1^2、σ_2^2均未知，但由1) 知，不拒绝$\sigma_1^2 = \sigma_2^2$的原假设，故可认为$\sigma_1^2 = \sigma_2^2$，类似于例5.2.7，继续检验

$$H_0' : \mu_1 = \mu_2, \; H_1' : \mu_1 \neq \mu_2。$$

由于

$$\overline{X} - \overline{Y} = 5 - \frac{16}{3},$$

$$S_w = \sqrt{\frac{1}{m} + \frac{1}{n}} \cdot \sqrt{\frac{\sum\limits_{i=1}^{m} (X_i - \overline{X})^2 + \sum\limits_{i=1}^{n} (Y_i - \overline{Y})^2}{m + n - 2}}$$

$$= \sqrt{\frac{1}{20} + \frac{1}{30}} \cdot \sqrt{\frac{200 + 320}{48}} = \sqrt{\frac{65}{72}},$$

故

$$\left| \frac{\overline{X} - \overline{Y}}{S_w} \right| = \frac{1}{3} \times \sqrt{\frac{72}{65}} < t_{0.025}(48),$$

故不拒绝H_0'，认为$\mu_1 = \mu_2$。

本例首先检验了$\sigma_1^2 = \sigma_2^2$这个假设，在不拒绝此假设的情形下可对本节（四）中情形(2)的讨论起了辅助的作用。当然，如果在这种情况下拒绝$\sigma_1^2 = \sigma_2^2$，在方差均未知的情况下只有在大样本情形才能够进一步检验$\mu_1 = \mu_2$（见§5.4 的讨论）。

§5.3　其他分布情形参数的假设检验

在§4.3中，我们就非正态情形未知参数的区间估计进行了讨论。本节将利用区间估计与假设检验的"共轭"性质进行相应的讨论。

（一）指数情形

条件同§4.3（一）。

(1)考虑双边检验：

$$H_0 : \theta = \theta_0, \ H_1 : \theta \neq \theta_0。$$

由于

$$\frac{2\sum\limits_{i=1}^{n} X_i}{\theta} \sim \chi^2(2n),$$

故检验规则为

$$\begin{cases} \dfrac{2\sum\limits_{i=1}^{n} X_i}{\theta_0} > \chi^2_{\alpha/2}(2n) 或 \dfrac{2\sum\limits_{i=1}^{n} X_i}{\theta_0} < \chi^2_{1-\alpha/2}(2n) & 拒绝 H_0 \\ 否则 & 接受 H_0 \end{cases}。$$

(2)对于右边检验：

$$H_0 : \theta \leqslant \theta_0, \ H_1 : \theta > \theta_0$$

的检验规则为

$$\begin{cases} \dfrac{2\sum\limits_{i=1}^{n} X_i}{\theta_0} > \chi^2_{\alpha}(2n) & 拒绝 H_0 \\ 否则 & 接受 H_0 \end{cases}。$$

(3)对于左边检验：

$$H_0 : \theta \geqslant \theta_0, \ H_1 : \theta < \theta_0$$

的检验规则为

$$\begin{cases} \dfrac{2\sum\limits_{i=1}^{n} X_i}{\theta_0} < \chi^2_{1-\alpha}(2n) & 拒绝 H_0 \\ 否则 & 接受 H_0 \end{cases}。$$

例 5.3.1 从总体

$$X \sim f(x, \ \theta) = \begin{cases} \frac{1}{\theta}\mathrm{e}^{-x/\theta} & x \geqslant 0 \\ 0 & 其他 \end{cases}$$

中抽取 $n = 15$ 的样本，且

$$\sum_{i=1}^{15} X_i = 50,$$

可否认为 $\theta \geqslant 5$（$\alpha = 0.05$）？

解：要检验的问题是

$$H_0 : \theta \geqslant 5, \ H_1 : \theta < 5,$$

其检验规则为

$$\begin{cases} \dfrac{2\sum_{i=1}^{15} X_i}{5} < \chi_{1-\alpha}^2(30) & \text{拒绝} H_0 \\ \text{否则} & \text{接受} H_0 \end{cases} 。$$

由于

$$\frac{2\sum_{i=1}^{15} X_i}{5} = \frac{2 \times 50}{5} = 20 > \chi_{0.95}^2(30) = 18.493,$$

故无法拒绝 H_0，认为 $\theta \geqslant 5$。

（二）幂分布情形

$$X \sim F(x, \ \theta) = x^\theta \ (0 < x < 1, \ \theta > 0),$$

$X_1, \ X_2, \ \cdots, \ X_n$ 为 i.i.d. 样本。

由于

$$-2\theta \sum_{i=1}^{n} \ln X_i \sim \chi^2(2n),$$

(1)对于双边检验：

$$H_0 : \theta = \theta_0, \ H_1 : \theta \neq \theta_0,$$

其检验规则为

$$\begin{cases} -2\theta \sum_{i=1}^{n} \ln X_i > \chi_{\alpha/2}^2(2n) \text{或} -2\theta \sum_{i=1}^{n} \ln X_i < \chi_{1-\alpha/2}^2(2n) & \text{拒绝} H_0 \\ \text{否则} & \text{接受} H_0 \end{cases} 。$$

(2)考虑左边检验：

$$H_0 : \theta \geqslant \theta_0, \ H_1 : \theta < \theta_0。$$

当H_0为真，

$$P_{\theta \geqslant \theta_0} \left\{ -2\theta_0 \sum_{i=1}^{n} \ln(X_i) \geqslant \chi_\alpha^2(2n) \right\}$$

$$\leqslant P_{\theta \geqslant \theta_0} \left\{ -2\theta \sum_{i=1}^{n} \ln(X_i) \geqslant \chi_\alpha^2(2n) \right\} = \alpha。$$

令

$$A = \left\{ -2\theta_0 \sum_{i=1}^{n} \ln(X_i) \geqslant \chi_\alpha^2(2n) \right\},$$

则当H_0成立时，A为小概率事件。此外不难获得θ的极大似然估计为

$$\hat{\theta} = -\frac{n}{\sum\limits_{i=1}^{n} \ln X_i},$$

由于$0 < x_i < 1$，故$\ln X_i < 0$，从而当A发生时，$-\sum\limits_{i=1}^{n} \ln(X_i)$偏大，$\hat{\theta}$偏小，则真实的$\theta$应偏小，此时有利于$H_1$。综上所述，检验规则为

$$\begin{cases} A发生 & 拒绝H_0 \\ 否则 & 接受H_0 \end{cases}。$$

同理，对于右边检验：

$$H_0 : \theta \leqslant \theta_0, \ H_1 : \theta > \theta_0$$

的检验规则为

$$\begin{cases} -2\theta_0 \sum_{i=1}^{n} \ln(X_i) < \chi_{1-\alpha}^2(2n) & 拒绝H_0 \\ 否则 & 接受H_0 \end{cases}。$$

例 5.3.2 从

$$X \sim F(x) = x^\theta (0 < x < 1, \ \theta < 0)$$

的总体中抽取$n = 9$的样本，经计算得

$$\sum_{i=1}^{9} \ln(X_i) = -10,$$

可否认为$\theta \leqslant 2$（$\alpha = 0.05$）？

解：要检验的问题是

$$H_0 : \theta \leqslant 2, \ H_1 : \theta > 2。$$

由于

$$-2\theta_0 \sum_{i=1}^{9} \ln(X_i) = 40 > \chi_{0.95}^2(20) = 10.851,$$

故接受H_0，认为$\theta \leqslant 2$。

（三）均匀分布情形

$X \sim C[0, \theta]$，X_1，X_2，$\cdots$，X_n为i.i.d.样本。

由§4.3 的讨论，令$Y = \max\limits_{1\leqslant i\leqslant n}\{X_i\}$，则

$$Y/\theta \sim y^n。$$

(1)对于双边检验：

$$H_0 : \theta = \theta_0, \ \ H_1 : \theta \neq \theta_0$$

的检验规则为

$$\begin{cases} Y/\theta_0 > d \text{或} Y/\theta_0 < C & \text{拒绝}H_0 \\ \text{否则} & \text{接受}H_0 \end{cases},$$

其中d满足

$$\int_d^1 f(y)\,\mathrm{d}y = \alpha/2,$$

即

$$d = (1 - \alpha/2)^{\frac{1}{n}};$$

C满足

$$\int_0^C f(y)\,\mathrm{d}y = \alpha/2,$$

即

$$C = (\alpha/2)^{\frac{1}{n}}。$$

例 5.3.3 从$X \sim C[0, \theta]$中抽取$n = 10$的样本，经观察得到

$$\max_{1\leqslant i\leqslant n}\{X_i\} = 0.8,$$

可否认为$\theta = 1$（$\alpha = 0.05$）？

解：要检验的问题是

$$H_0 : \theta = 1, \ \ H_1 : \theta \neq 1。$$

由于

$$d = (1 - \alpha/2)^{1/n} = 0.9974, \ \ c = (\alpha/2)^{1/n} = 0.6915,$$

而$Y/\theta_0 = 0.8$，故不拒绝原假设。

(2)对于左边检验:

$$H_0 : \theta \geqslant \theta_0, \ H_1 : \theta < \theta_0$$

的检验规则为

$$\begin{cases} Y/\theta_0 < C' & 拒绝H_0 \\ 否则 & 接受H_0 \end{cases},$$

其中$C' = (\alpha)^{1/n}$。

(3)对于右边检验:

$$H_0 : \theta \leqslant \theta_0, \ H_1 : \theta > \theta_0$$

的检验规则为

$$\begin{cases} Y/\theta_0 > d' & 拒绝H_0 \\ 否则 & 接受H_0 \end{cases},$$

其中$d' = (1 - \alpha)^{1/n}$。

（四）"负倒数"情形

考虑以下分布情形

$$X \sim F(x) = 1 - \theta/x \ (0 < \theta < x < +\infty),$$

$X_1, \ X_2, \ \cdots, \ X_n$为i.i.d.样本。

(1)考虑双边检验:

$$H_0 : \theta = \theta_0, \ H_1 : \theta \neq \theta_0。$$

由§4.3知道

$$2\sum_{i=1}^{n} \ln X_i - 2n \ln \theta \sim \chi^2(2n),$$

当H_0真时,有

$$2\sum_{i=1}^{n} \ln X_i - 2n \ln \theta_0 \sim \chi^2(2n),$$

易知检验规则为

$$\begin{cases} \chi^2_{1-\alpha/2}(2n) \leqslant 2\sum_{i=1}^{n} \ln X_i - 2n \ln \theta_0 \leqslant \chi^2_{\alpha/2}(2n) & 接受H_0 \\ 否则 & 拒绝H_0 \end{cases}。$$

(2)考虑右边检验：

$$H_0 : \theta \leqslant \theta_0, \ H_1 : \theta > \theta_0.$$

当H_0真时，有

$$P_{\theta \leqslant \theta_0} \left\{ 2 \sum_{i=1}^{n} \ln X_i - 2n \ln \theta_0 \geqslant \chi_{\alpha}^2(2n) \right\}$$

$$\leqslant P_{\theta \leqslant \theta_0} \left\{ 2 \sum_{i=1}^{n} \ln X_i - 2n \ln \theta \geqslant \chi_{\alpha}^2(2n) \right\} = \alpha.$$

令

$$A = \left\{ 2 \sum_{i=1}^{n} \ln X_i - 2n \ln \theta_0 \right\},$$

则当H_0成立时，A为小概率事件。又当A发生时，$\sum\limits_{i=1}^{n} \ln X_i$偏大，即$X_i$（$1 \leqslant i \leqslant n$）有偏大的倾向，又易知$\theta$的极大似然估计为

$$\hat{\theta} = \min_{1 \leqslant i \leqslant n} \{X_i\},$$

则θ也有偏大的倾向，故A也是一个有利于H_1发生的事件。综上所述，检验规则为

$$\begin{cases} 2 \sum\limits_{i=1}^{n} \ln X_i - 2n \ln \theta_0 > \chi_{\alpha}^2(2n) & \text{拒绝}H_0 \\ \text{否则} & \text{接受}H_0 \end{cases}.$$

(3)考虑左边检验：

$$H_0 : \theta \leqslant \theta_0, \ H_1 : \theta > \theta_0.$$

同理，检验规则为

$$\begin{cases} 2 \sum\limits_{i=1}^{n} \ln X_i - 2n \ln \theta_0 \leqslant \chi_{1-\alpha}^2(2n) & \text{拒绝}H_0 \\ \text{否则} & \text{接受}H_0 \end{cases}.$$

例 5.3.4 从

$$X \sim F(x) = 1 - \theta/x \ (0 < \theta < x < +\infty)$$

中抽取$n = 15$的样本，经计算得

$$\sum_{i=1}^{15} \ln X_i = 12,$$

112

可否认为$\theta \geqslant 1$（$\alpha = 0.05$）？

解：要检验的问题是

$$H_0 : \theta \geqslant 1, \ H_1 : \theta < 1。$$

由于

$$2\sum_{i=1}^{n} \ln X_i - 2n \ln \theta_0 = 24 > \chi_{0.95}^2(30) = 18.493,$$

故接受H_0，认为$\theta \geqslant 1$。

§5.4　大样本情形下的假设检验

在实际应用中，总体中的大样本情形还是经常出现的，如金融中的股指、汇率，又如气象数据、水文数据等。在大样本情形下，根据中心极限定理，大多数统计推断可以结合近似正态性进行。

（一）两点分布情形

$$X \sim p^x(1-p)^{1-x} \ (x=0, \ 1),$$

$X_1, \ X_2, \ \cdots, \ X_n$为i.i.d.样本。

当n较大时（如$n \geqslant 30$），考虑双边检验：

$$H_0 : p = p_0, \ H_1 : p \neq p_0。$$

由于

$$\frac{\sum\limits_{i=1}^{n} X_i - np}{\sqrt{np(1-p)}} \to N(0, \ 1) \ (n \to \infty),$$

当H_0真时，有

$$\frac{\sum\limits_{i=1}^{n} X_i - np_0}{\sqrt{np_0(1-p_0)}} \to N(0, \ 1) \ (n \to \infty),$$

故检验规则为

$$\begin{cases} \left| \dfrac{\sum\limits_{i=1}^{n} X_i - np_0}{\sqrt{np_0(1-p_0)}} \right| > z_{\alpha/2} & \text{拒绝} H_0 \\ \\ \text{否则} & \text{接受} H_0 \end{cases}。$$

例 5.4.1 从两点分布总体抽取 $n = 100$ 的样本年出现了60个1 及40个0，可否认为出现1的概率为0.5（$\alpha = 0.05$）？

解：设 $P(X = 1) = p$，则检验问题为

$$H_0 : p = \frac{1}{2}, \quad H_1 : p \neq \frac{1}{2}。$$

又

$$\sum_{i=1}^{100} X_i = 60, \quad n = 100, \quad p_0 = 0.5,$$

故

$$\frac{\sum\limits_{i=1}^{100} X_i - np_0}{\sqrt{np_0(1-p_0)}} = \frac{60 - 50}{\sqrt{25}} = 2 > z_{\alpha/2} = 1.96,$$

故拒绝 H_0。

考虑右边检验：

$$H_0' : p \leqslant p_0, \quad H_1' : p > p_0。$$

此时的拒绝域则要根据

$$g(p) = \frac{\sum\limits_{i=1}^{n} X_i - np}{\sqrt{np(1-p)}}$$

的单调性确定。由于 $g(p)$ 是关于 $0 < p < 1$ 的单调递减函数，当 H_0' 成立时，$p \leqslant p_0$，则有 $g(p) \geqslant g(p_0)$，故

$$P_{H_0'}\{g(p_0) > z_\alpha\} \leqslant P_{H_0'}\{g(p) > z_\alpha\} = \alpha,$$

且当 $g(p_0) > z_\alpha$ 时，$g(p_0)$ 有偏大的倾向，故 $\overline{X}$ 有偏大的倾向，从而真实的 p 有偏大的倾向，即当 $A = \{g(p_0) \geqslant z_\alpha\}$ 发生时，我们倾向于 H_1' 而不接受 H_0'，也就是说 A 就是拒绝域。因此，检验规则为

$$\begin{cases} \dfrac{\sum\limits_{i=1}^{n} X_i - np_0}{\sqrt{np_0(1-p_0)}} > z_\alpha & 拒绝 H_0' \\ 否则 & 接受 H_0' \end{cases}。$$

在例5.4.1中，如果检验

$$H_0' : p \leqslant \frac{1}{2}, \quad H_1' : p > \frac{1}{2},$$

由于

$$g(p_0) = g\left(\frac{1}{2}\right) = 2 > 1.645 = z_\alpha,$$

故拒绝H_0'，认为$p > \frac{1}{2}$。

同理，对于左边检验：

$$H_0'' : p \geqslant p_0, \ \ H_1'' : p < p_0,$$

其检验规则为

$$\begin{cases} \dfrac{\sum\limits_{i=1}^n X_i - np_0}{\sqrt{np_0(1-p_0)}} < -z_\alpha & \text{拒绝} H_0'' \\ \text{否则} & \text{接受} H_0'' \end{cases} 。$$

（二）指数分布情形

$$X \sim f(x, \ \theta) = \frac{1}{\theta}\mathrm{e}^{-x/\theta}, \ \ x > 0,$$

$X_1, \ X_2, \ \cdots, \ X_n$为i.i.d.样本。当$n$较大时，

(1)考虑双边检验：

$$H_0 : \theta = \theta_0, \ \ H_1 : \theta \neq \theta_0。$$

在例4.4.4中，基于似然估计$\overline{X}$得到θ的近似区间估计为

$$\overline{X} \pm \frac{\overline{X}}{\sqrt{n}} z_{\alpha/2},$$

由共轭性质可得到对于原假设问题的检验规则为

$$\begin{cases} \overline{X} - \dfrac{\overline{X}}{\sqrt{n}} z_{\alpha/2} \leqslant \theta_0 \leqslant \overline{X} + \dfrac{\overline{X}}{\sqrt{n}} z_{\alpha/2} & \text{接受} H_0 \\ \text{否则} & \text{拒绝} H_0 \end{cases} ;$$

而§5.3基于

$$\frac{2\sum\limits_{i=1}^n X_i}{\theta} \sim \chi^2(2n)$$

所得到的检验规则为

$$\begin{cases} \dfrac{2\sum\limits_{i=1}^n X_i}{\chi^2_{\alpha/2}(2n)} \leqslant \theta_0 \leqslant \dfrac{2\sum\limits_{i=1}^n X_i}{\chi^2_{1-\alpha/2}(2n)} & \text{接受} H_0 \\ \text{否则} & \text{拒绝} H_0 \end{cases} 。$$

115

我们举一例比较：令 $n = 100$，$\sum\limits_{i=1}^{100} X_i = 500$，可计算得

$$\overline{X} - \frac{\overline{X}}{\sqrt{n}} z_{\alpha/2} \approx 4.02, \quad \overline{X} + \frac{\overline{X}}{\sqrt{n}} z_{\alpha/2} \approx 5.98,$$

$$\frac{2\sum\limits_{i=1}^{100} X_i}{\chi^2_{\alpha/2}(2n)} \approx 4.1, \quad \frac{2\sum\limits_{i=1}^{100} X_i}{\chi^2_{1-\alpha/2}(2n)} \approx 6.1,$$

可见区间估计非常接近，故所对应的检验规则功效接近。

(2)对于右边检验：

$$H_0 : \theta \leqslant \theta_0, \quad H_1 : \theta > \theta_0$$

的检验规则为

$$\begin{cases} \dfrac{\sqrt{n}(\overline{X} - \theta_0)}{\overline{X}} > z_\alpha & \text{拒绝} H_0 \\ \text{否则} & \text{接受} H_0 \end{cases}。$$

(3)对于左边检验：

$$H_0 : \theta \geqslant \theta_0, \quad H_1 : \theta < \theta_0$$

的检验规则为

$$\begin{cases} \dfrac{\sqrt{n}(\overline{X} - \theta_0)}{\overline{X}} < -z_\alpha & \text{拒绝} H_0 \\ \text{否则} & \text{接受} H_0 \end{cases}。$$

（三）Poisson分布情形

$$P\{X = k\} = \frac{\lambda^k}{k!} \mathrm{e}^{-\lambda}, \quad k = 0, \ 1, \ 2, \ \cdots,$$

$X_1, \ X_2, \ \cdots, \ X_n$ 为i.i.d.样本（n较大）。

(1)考虑双边检验：

$$H_0 : \lambda = \lambda_0, \quad H_1 : \lambda \neq \lambda_0。$$

在例4.4.5 中，利用似然估计得到的区间估计为

$$\overline{X} \pm \sqrt{\frac{\overline{X}}{n}} z_{\alpha/2},$$

易知对应的假设检验问题的检验规则为

$$\begin{cases} \overline{X} - \sqrt{\dfrac{\overline{X}}{n}}z_{\alpha/2} \leqslant \theta_0 \leqslant \overline{X} + \sqrt{\dfrac{\overline{X}}{n}}z_{\alpha/2} & 接受H_0 \\ 否则 & 拒绝H_0 \end{cases} 。 \tag{5.4.1}$$

(2)对于右边检验:

$$H_0' : \lambda \leqslant \lambda_0, \ \ H_1' : \lambda > \lambda_0$$

的检验规则为

$$\begin{cases} \dfrac{\sqrt{n}(\overline{X} - \lambda_0)}{\sqrt{\overline{X}}} > z_{\alpha} & 拒绝H_0' \\ 否则 & 接受H_0' \end{cases} 。 \tag{5.4.2}$$

(3)对于左边检验:

$$H_0'' : \lambda \geqslant \lambda_0, \ \ H_1'' : \lambda < \lambda_0$$

的检验规则为

$$\begin{cases} \dfrac{\sqrt{n}(\overline{X} - \lambda_0)}{\sqrt{\overline{X}}} < -z_{\alpha} & 拒绝H_0' \\ 否则 & 接受H_0' \end{cases} 。 \tag{5.4.3}$$

例 5.4.2 从Poisson分布总体抽取$n = 80$的样本,经计算得

$$\sum_{i=1}^{80} X_i = 250,$$

试检验($\alpha = 0.05$)

$$H_0 : \lambda \leqslant 2.5, \ \ H_1 : \lambda > 2.5。$$

解:对于

$$H_0 : \lambda \leqslant 2.5, \ \ H_1 : \lambda > 2.5,$$

其检验统计量为

$$\frac{\sqrt{n}(\overline{X} - \lambda_0)}{\sqrt{\overline{X}}} = \frac{\sqrt{80}\left(\frac{25}{8} - 2.5\right)}{\sqrt{\frac{25}{8}}} = \sqrt{10} > z_{0.95},$$

故拒绝H_0。

另外，Poisson分布在大样本情形下，由中心极限定理也有

$$\frac{\sum\limits_{i=1}^{n} X_i - n\lambda}{\sqrt{n\lambda}} \to N(0,\ 1),$$

即

$$\frac{\sqrt{n}(\overline{X} - \lambda)}{\sqrt{\lambda}} \to N(0,\ 1),$$

故对于双边检验

$$H_0 : \lambda = \lambda_0,\ H_1 : \lambda \neq \lambda_0,$$

检验规则也可为

$$\begin{cases} \left| \frac{\sqrt{n}(\overline{X} - \lambda_0)}{\sqrt{\lambda_0}} \right| > z_{\alpha/2} & \text{拒绝} H_0 \\ \text{否则} & \text{接受} H_0 \end{cases} \text{。} \tag{5.4.4}$$

对于右边检验：

$$H_0' : \lambda \leqslant \lambda_0,\ H_1' : \lambda > \lambda_0$$

的检验规则要考虑

$$g(\lambda) = \frac{\sum\limits_{i=1}^{n} X_i - n\lambda}{\sqrt{n\lambda}}$$

的单调性。易知$g'(\lambda) < 0$，当H_0成立时有$g(\lambda_0) \leqslant g(\lambda)$，故

$$P_{H_0}\{g(\lambda_0) \geqslant z_\alpha\} \leqslant P_{H_0}\{g(\lambda) \geqslant z_\alpha\} = \alpha \text{。}$$

令$A = \{g(\lambda_0) \geqslant z_\alpha\}$，则$A$为小概率事件；且$A$发生意味着$g(\lambda_0)$偏大，由于

$$g(\lambda_0) = \frac{\sqrt{n}(\overline{X} - \lambda_0)}{\sqrt{\lambda_0}},$$

故$\overline{X}$有偏大的倾向，又$\overline{X}$是真实λ的最优估计，从而当A发生时，倾向于H_1而拒绝H_0。因此，对于

$$H_0' : \lambda \leqslant \lambda_0,\ H_1' : \lambda > \lambda_0$$

的检验规则为

$$\begin{cases} \frac{\sqrt{n}(\overline{X} - \lambda_0)}{\sqrt{\lambda_0}} > z_\alpha & \text{拒绝} H_0 \\ \text{否则} & \text{接受} H_0 \end{cases} \text{。} \tag{5.4.5}$$

同理，对于左边检验：

$$H_0' : \lambda \geqslant \lambda_0,\ H_1' : \lambda < \lambda_0$$

的检验规则为

$$\begin{cases} \dfrac{\sqrt{n}(\overline{X}-\lambda_0)}{\sqrt{\lambda_0}} < -z_\alpha & \text{拒绝}H_0 \\ \text{否则} & \text{接受}H_0 \end{cases} \quad\text{。} \tag{5.4.6}$$

可以看出式(5.4.1)、式(5.4.2)及式(5.4.3)分别与式(5.4.4)、式(5.4.5)及式(5.4.6)非常接近。

例 5.4.3 从Poisson总体中取出$n = 100$的样本，计算得

$$\sum_{i=1}^{100} X_i = 500,$$

可否认为$\lambda = 4.5$（$\alpha = 0.05$）？

解：对于检验问题为

$$H_0 : \lambda = 4.5, \quad H_1 : \lambda \neq 4.5,$$

其检验统计量为

$$Z = \left| \frac{\sqrt{n}(\overline{X} - \lambda_0)}{\sqrt{\lambda_0}} \right|,$$

则检验规则为

$$\begin{cases} Z > z_{\alpha/2} & \text{拒绝}H_0 \\ \text{否则} & \text{接受}H_0 \end{cases} \quad\text{。}$$

又

$$Z = \left| \frac{\sqrt{100} \times (5 - 4.5)}{\sqrt{4.5}} \right| = \left| \frac{5}{\sqrt{4.5}} \right| > z_{\alpha/2} = 1.96,$$

故拒绝H_0。

若采用式(5.4.1)，由于

$$\overline{X} - z_{\alpha/2}\sqrt{\frac{\overline{X}}{n}} \approx 5 - 1.96 \times \frac{\sqrt{5}}{10} \approx 4.56,$$

$$\overline{X} + z_{\alpha/2}\sqrt{\frac{\overline{X}}{n}} \approx 5 + 1.96 \times \frac{\sqrt{5}}{10} \approx 5.44,$$

λ_0并未落入$[4.56, 5.44]$，故拒绝H_0，结果一致。

§5.5　两类错误及样本容量

在§5.1我们已经提到过假设检验中的"弃真"和"接伪"两类错误。事实上，在§5.2、§5.3及§5.4 关于检验规则的构建，其实就是拒绝域A的选取：A必须是小概率事件，且有利于备择假设的发生。从A 的选取标准来看，假设检验的检验规则并不是唯一的，如在§5.4中关于Possion分布在大样本情形下我们给出了两个不同的检验规则。那么，什么样的假设检验规则才是好的呢？这个问题的讨论必须引入第II类错误这一维度。

例 5.5.1 某产品的寿命（以小时计）服从正态分布，均值μ 未知，方差$\sigma^2 = 20^2$，先抽取16个样本得到：

$$159 \quad 280 \quad 101 \quad 212 \quad 224 \quad 379 \quad 179 \quad 264$$
$$222 \quad 362 \quad 168 \quad 250 \quad 149 \quad 260 \quad 485 \quad 170$$

分别做以下两个假设检验（$\alpha = 0.05$）。

1)对于右边检验：

$$H_0 : \mu \leqslant 235, \ H_1 : \mu > 235,$$

其检验规则为

$$\begin{cases} \frac{\sqrt{n}(\overline{X}-\mu_0)}{\sigma_0} > z_\alpha & \text{拒绝原假设} \\ \text{否则} & \text{接受原假设} \end{cases} 。$$

由于$n = 16$，$z_{0.05} = 1.645$，$\overline{X} = 241.5$，故

$$\frac{\sqrt{n}(\overline{X} - \mu_0)}{\sigma_0} = \frac{4 \times (241.5 - 235)}{20} = 1.3 < 1.645,$$

故接受原假设，认为$\mu \leqslant 235$。

2)对于左边检验：

$$H_0' : \mu \geqslant 235, \ H_1' : \mu < 235,$$

其检验规则为

$$\begin{cases} \frac{\sqrt{n}(\overline{X}-\mu_0)}{\sigma_0} < -z_\alpha & \text{拒绝原假设} \\ \text{否则} & \text{接受原假设} \end{cases} 。$$

由于

$$\frac{\sqrt{n}(\overline{X} - \mu_0)}{\sigma_0} = 1.3 > -1.645,$$

故接受原假设，认为$\mu \geqslant 235$。两种不同的检验问题得到了近乎矛盾的结论，这是因为1)和2)中的检验规则的第I类错误均为α，我们无法确定其优劣。现考虑1)中检验规则的第II类（或接伪）错误为

$$\beta_1 = P_{H_1}(\overline{A}) = P_{\mu > \mu_0}\left\{\frac{\sqrt{n}(\overline{X} - \mu_0)}{\sigma_0} \leqslant z_\alpha\right\}$$

$$= P_{\mu > \mu_0}\left\{\frac{\sqrt{n}(\overline{X} - \mu)}{\sigma_0} \leqslant z_\alpha - \frac{\sqrt{n}(\mu - \mu_0)}{\sigma_0}\right\} = \Phi\left[z_\alpha - \frac{\sqrt{n}(\mu - \mu_0)}{\sigma_0}\right]。$$

同理，2)中检验规则的第II类错误为

$$\beta_2 = P_{H_1'}(\overline{A}) = P_{\mu < \mu_0}\left\{\frac{\sqrt{n}(\overline{X} - \mu_0)}{\sigma_0} \geqslant -z_\alpha\right\}$$

$$= P_{\mu < \mu_0}\left\{\frac{\sqrt{n}(\overline{X} - \mu)}{\sigma_0} \geqslant -z_\alpha - \frac{\sqrt{n}(\mu - \mu_0)}{\sigma_0}\right\}$$

$$= 1 - \Phi\left[-z_\alpha - \frac{\sqrt{n}(\mu - \mu_0)}{\sigma_0}\right] = \Phi\left[z_\alpha + \frac{\sqrt{n}(\mu - \mu_0)}{\sigma_0}\right]。$$

β_1和β_2的大小决定了检验的优劣，显然当真实的μ大于μ_0时，$\beta_2 > \beta_1$；当μ小于μ_0时，$\beta_1 > \beta_2$。然而真实的μ却是未知的，一个比较合理的方法是观察μ的最小方差无偏估计$\overline{X}$的估计值：当$\overline{X} > \mu_0$时，$\beta_2 > \beta_1$，方法1)好于方法2)；反之当$\overline{X} < \mu_0$时，$\beta_2 < \beta_1$，方法2)好于方法1)。因此，在本例中，方法2)优于方法1)。

在本例中，如果$\overline{X} = 250$，则有

$$\frac{\sqrt{n}(\overline{X} - \mu_0)}{\sigma_0} = \frac{4 \times 15}{20} = 3,$$

此时第一个检验拒绝原假设，认为H_1成立（$\mu > 235$）；第二个检验接受原假设（$\mu \geqslant 235$），则结论基本一致。

例 5.5.2 某种溶液中的水分服从正态分布$N(\mu, \sigma^2)$，从X中抽取$n = 10$的样本，经计算得

$$S_{n-1}^2 = \frac{1}{n-1}\sum_{i=1}^{n}(X_i - \overline{X})^2 = (0.037\%)^2。$$

1)考察检验问题：

$$H_0 : \sigma^2 \leqslant \sigma_0^2 = (0.04\%)^2, \ H_1 : \sigma^2 > (0.04\%)^2 \ (\alpha = 0.05),$$

其检验规则为

$$\begin{cases} \frac{(n-1)S_{n-1}^2}{\sigma_0^2} > \chi_\alpha^2(n-1) & \text{拒绝}H_0 \\ \text{否则} & \text{接受}H_0 \end{cases}。$$

121

又

$$\frac{(n-1)S_{n-1}^2}{\sigma_0^2} = 9 \times \left(\frac{0.037}{0.04}\right)^2 = 7.701 < \chi_{0.05}^2(9) = 16.919,$$

故接受H_0，认为$\sigma^2 \leqslant (0.04\%)^2$。

2)考察检验问题：

$$H_0': \sigma^2 \geqslant \sigma_0^2 = (0.04\%)^2, \ \ H_1': \sigma^2 < (0.04\%)^2 \ (\alpha = 0.05),$$

其检验规则为

$$\begin{cases} \frac{(n-1)S_{n-1}^2}{\sigma_0^2} < \chi_{1-\alpha}^2(n-1) & \text{拒绝}H_0' \\ \text{否则} & \text{接受}H_0' \end{cases}。$$

由于

$$\frac{(n-1)S_{n-1}^2}{\sigma_0^2} = 7.701 > \chi_{0.95}^2(9) = 3.325,$$

故接受H_0'，认为$\sigma^2 \geqslant (0.04\%)^2$。

同例5.5.1的讨论，对于近乎矛盾的两个检验需要进一步考虑第II类错误。对于本例的1)，

$$\beta_1 = P_{H_1}\left\{\frac{(n-1)S_{n-1}^2}{\sigma_0^2} \leqslant \chi_\alpha^2(n-1)\right\}$$

$$= P_{H_1}\left\{\frac{(n-1)S_{n-1}^2}{\sigma^2} \leqslant \chi_\alpha^2(n-1) \cdot \frac{\sigma_0^2}{\sigma^2}\right\} = F\left[\chi_\alpha^2(n-1) \cdot \frac{\sigma_0^2}{\sigma^2}\right],$$

其中F为$\chi^2(n-1)$的分布函数。同理，对于本例的2)，

$$\beta_2 = P_{H_1'}\left\{\frac{(n-1)S_{n-1}^2}{\sigma_0^2} \geqslant \chi_{1-\alpha}^2(n-1)\right\} = 1 - F\left[\chi_{1-\alpha}^2(n-1) \cdot \frac{\sigma_0^2}{\sigma^2}\right]。$$

要比较本例的β_1及β_2的大小，主要根据

$$S_{n-1}^2 = \frac{1}{n-1}\sum_{i=1}^n (X_i - \overline{X})^2$$

的实际大小确定。当$S_{n-1}^2 > \sigma_0^2$时，

$$\chi_\alpha^2(n-1)\frac{\sigma_0^2}{\sigma^2} \approx \chi_\alpha^2(n-1) \cdot \frac{\sigma_0^2}{S_{n-1}^2} < \chi_\alpha^2(n-1),$$

有$\beta_1 < 1 - \alpha$，但

$$F\left[\chi_{1-\alpha}^2(n-1) \cdot \frac{\sigma_0^2}{\sigma^2}\right] \approx F\left\{\chi_{1-\alpha}^2(n-1) \cdot \frac{\sigma_0^2}{S_{n-1}^2} < F\left[\chi_{1-\alpha}^2(n-1)\right]\right\} = \alpha,$$

故 $\beta_2 > 1 - \alpha > \beta_1$，此时1)的检验方法优于2)。同理，当 $S_{n-1}^2 < \sigma_0^2$ 时，2)的方法优于1)的方法。因此，对于本例应采用方法2)。

在本例中，如果 $S_{n-1}^2 = (0.06\%)^2$，则

$$\frac{(n-1)S_{n-1}^2}{\sigma_0^2} = 9 \times 2.25 = 20.25。$$

在方法1)中，拒绝 H_0，接受 H_1（$\sigma^2 > (0.04\%)^2$）；在方法2)中，则为接受原假设（$\sigma^2 \geqslant (0.04\%)^2$），两者结论基本也是一致的。

从例5.5.1及例5.5.2可以看出，考虑第II类错误是假设检验一个非常重要的环节。下面我们从另一角度考察II类错误，即与样本容量的关系。由于在一般的检验法中 A 为拒绝域，令 $\beta(\theta) = P(\overline{A})$，则不管 H_0 成立还是 H_1 成立，$\beta(\theta)$ 都是接受 H_0 的概率，称 $\beta(\theta)$ 为特征函数，其对应的图形为抽样特性曲线，简称OC曲线。当 $\theta \in H_0$，我们希望以高概率接受 H_0，故应有 $\beta(\theta)$ 概率较大，比如说让 $\beta(\theta) \geqslant 1 - \alpha$；当 $\theta \in H_1$ 时，我们则希望以低概率接受 H_0，故此时 $\beta(\theta)$ 应较小，比如设定一个 β，使 $\beta(\theta) \leqslant \beta$。综上所述，我们希望

$$\begin{cases} 1 - \beta(\theta) \leqslant \alpha & \text{当} \theta \in H_0 \\ \beta(\theta) \leqslant \beta & \text{当} \theta \in H_1 \end{cases}。$$

从定义上来看，显然 α 即为第I类（或弃真）错误，β 即为第II类（或接伪）错误。

对于方差已知的正态总体 $N(\mu, \sigma_0^2)$ 的单边假设检验问题

$$H_0 : \mu \leqslant \mu_0, \ H_1 : \mu > \mu_0,$$

其拒绝域为

$$A = \left\{ \frac{\sqrt{n}(\overline{X} - \mu_0)}{\sigma_0} > z_\alpha \right\},$$

故

$$\overline{A} = \left\{ \frac{\sqrt{n}(\overline{X} - \mu_0)}{\sigma_0} \leqslant z_\alpha \right\},$$

则

$$\begin{aligned} \beta(\mu) &= P_\mu \left\{ \frac{\sqrt{n}(\overline{X} - \mu_0)}{\sigma_0} \leqslant z_\alpha \right\} \\ &= P_\mu \left\{ \frac{\sqrt{n}(\overline{X} - \mu)}{\sigma_0} \leqslant z_\alpha - \frac{\sqrt{n}(\mu - \mu_0)}{\sigma_0} \right\} = \Phi(z_\alpha - \lambda), \end{aligned}$$

其中

$$\lambda = \frac{\sqrt{n}(\mu - \mu_0)}{\sigma_0},$$

故特征函数 $\beta(\mu)$ 显然是 λ 的单调递减函数，也是 μ 的单调递减函数，且有

$$\lim_{\mu \to \infty} \beta(\mu) = 0, \quad \lim_{\mu \to \mu_0} \beta(\mu) = 1 - \alpha。$$

由于当 $\mu > \mu_0$ 时，$\mu \in H_1$，故我们希望 $\beta(\mu)$ 越小越好；当 $\mu \leqslant \mu_0$ 时，$\theta \in H_0$，希望 $\beta(\mu)$ 越大越好。考虑到 $\beta(\mu)$ 为无限光滑的连续函数，这几乎是不可能的，一个折中的办法是给定一个 $\delta > 0$，使得当 $\mu \geqslant \mu_0 + \delta$ 时，$\beta(\mu) \leqslant \beta$，不失一般性，让 $\beta(\mu_0 + \delta) = \beta$，这样一来，只要当 $\mu \geqslant \mu_0 + \delta$，则检验问题犯第 II 类错误就不会超过给定的 β。由 $\beta(\mu_0 + \delta) = \beta$ 可得

$$\Phi\left(z_\alpha - \frac{\sqrt{n}\delta}{\sigma_0}\right) = \beta,$$

由于 α，β，σ_0，δ 均已知，解得

$$\sqrt{n} = \frac{(z_\alpha + z_\beta)\sigma_0}{\delta},$$

也就是说，对于生产方（希望第 I 类错误小）和接受方（希望第 II 类错误小），事先给定的 α 及 β，只要抽取适当的样本即可达到双方的要求。由于 n 为正整数，在实际应用中，一般取使得

$$\sqrt{n} \geqslant \frac{(z_\alpha + z_\beta)\sigma_0}{\delta}$$

成立的最小整数。

例 5.5.3 已知在正态总体 $N(\mu, 5^2)$，给定 $\alpha = 0.05$，$\beta = 0.15$，对于检验问题

$$H_0 : \mu \leqslant \mu_0, \quad H_1 : \mu > \mu_0,$$

希望当 $\mu \geqslant \mu_0 + 2$ 时有 $\beta(\mu) \leqslant 0.15$，应如何选择 n？

解： $z_\alpha = 1.645$，$z_\beta = 1.036$，$\sigma_0 = 5$，$\delta = 2$，代入可得 $n \approx 45$。

在例 5.5.3 中，假如 $\mu_0 = 15$，检验问题为

$$H_0 : \mu \leqslant 15, \quad H_1 : \mu > 15。$$

实际的应用背景是：根据对方的协定，这批产品的某项指标不超过 15 方为合格。若抽取 45 个样本，并采取检验规则

$$\begin{cases} \frac{\sqrt{46}(\overline{X} - 15)}{5} > 1.645 & 拒绝 H_0 \\ 否则 & 接受 H_0 \end{cases},$$

则生产方承担的风险不超过0.05，而对于接受方，如果真实的μ超过17时，则其承担的风险不会超过0.15。

同理，对于左边检验问题也有类似的结论，读者可以自行推导。而对于双边检验问题

$$H_0 : \mu = \mu_0, \ H_1 : \mu \neq \mu_0,$$

其特征函数为

$$\beta(\mu) = P\left\{ \left| \frac{\sqrt{n}(\overline{X} - \mu_0)}{\sigma_0} \right| \leqslant z_{\alpha/2} \right\} = \Phi(z_{\alpha/2} - \lambda) + \Phi(z_{\alpha/2} + \lambda) - 1,$$

其中

$$\lambda = \frac{\sqrt{n}(\mu - \mu_0)}{\sigma_0}。$$

如果要求当$|\mu - \mu_0| \geqslant \delta$时有$\beta(\mu) \leqslant \beta$，则有

$$\Phi\left(z_{\alpha/2} - \sqrt{n} \cdot \frac{\delta}{\sigma_0} \right) + \Phi\left(z_{\alpha/2} + \sqrt{n} \cdot \frac{\delta}{\sigma_0} \right) - 1 = \beta。$$

由于$\Phi(4) \approx 1$，故当

$$z_{\alpha/2} + \sqrt{n} \cdot \frac{\delta}{\sigma_0} \geqslant 4$$

时，可以直接求解

$$\Phi\left(z_{\alpha/2} - \sqrt{n} \cdot \frac{\delta}{\sigma_0} \right) = \beta,$$

可得

$$\sqrt{n} = (z_{\alpha/2} + z_\beta) \cdot \frac{\sigma_0}{\delta},$$

一般取使得

$$\sqrt{n} \geqslant (z_{\alpha/2} + z_\beta) \cdot \frac{\sigma_0}{\delta}$$

成立的最小整数。

在例5.5.3中，如果检验问题为

$$H_0 : \mu = \mu_0, \ H_1 : \mu \neq \mu_0,$$

取$\mu_0 = 15$，$\delta = 2$，$\alpha = 0.05$，$\beta = 0.15$，可得

$$\sqrt{n} = (1.96 + 1.04) \times \frac{5}{2} = 7.5, \ n \approx 57,$$

此时

$$z_{\alpha/2} + \sqrt{n} \cdot \frac{\delta}{\sigma_0} = 1.96 + 7.5 \times \frac{2}{5} = 4.96 > 4,$$

故取 $n = 57$ 是合适的。此外,从

$$z_{\alpha/2} + \sqrt{n} \cdot \frac{\delta}{\sigma_0} \geqslant 4,$$

可得到

$$\sqrt{n} \geqslant (4 - z_{\alpha/2}) \cdot \frac{\sigma_0}{\delta},$$

一般说来都有

$$z_{\alpha/2} + z_\beta \geqslant 4 - z_{\alpha/2},$$

即只需

$$z_{\alpha/2} \geqslant 2 - \frac{1}{2} z_\beta,$$

故只要

$$\sqrt{n} \geqslant (z_{\alpha/2} + z_\beta) \cdot \frac{\sigma_0}{\delta},$$

一般会满足

$$z_{\alpha/2} + \sqrt{n} \cdot \frac{\delta}{\sigma_0} \geqslant 4$$

这个条件。这个例子说明,对于 $N(\mu,\ 5^2)$ 的双边检验问题

$$H_0 : \mu = 15,\ H_1 : \mu \neq 15,$$

当第I类错误和II类错误分别设为0.05及0.15时,则采用检验规则

$$\begin{cases} \frac{\sqrt{57}(\overline{X} - 15)}{5} > 1.645 & 拒绝 H_0 \\ 否则 & 接受 H_0 \end{cases},$$

可使在满足第I类错误的前提下,当真实的 μ 大于17或小于13时,第II类错误不超过0.15。

对于 σ 未知的正态总体,检验问题

$$H_0 : \mu \leqslant \mu_0,\ H_1 : \mu > \mu_0$$

的拒绝域为

$$A = \left\{ \frac{\sqrt{n}(\overline{X} - \mu_0)}{S_{n-1}} > t_{\alpha/2}(n - 1) \right\},$$

如果仿照 σ^2 已知的情形有

$$\begin{aligned} P(\overline{A}) &= P_\mu \left\{ \frac{\sqrt{n}(\overline{X} - \mu_0)}{S_{n-1}} \leqslant t_{\alpha/2}(n - 1) \right\} \\ &= P \left\{ \frac{\sqrt{n}(\overline{X} - \mu)}{S_{n-1}} \leqslant t_{\alpha/2}(n - 1) - \lambda \right\}, \end{aligned}$$

其中

$$\lambda = \frac{\sqrt{n}(\mu - \mu_0)}{S_{n-1}},$$

且

$$S_{n-1}^2 = \frac{1}{n-1}\sum_{i=1}^{n}(X_i - \overline{X})^2$$

为σ^2的无偏估计量。如果当$\mu \geqslant \mu_0 + \delta$时，有$\beta(\mu) \leqslant \beta$，则由

$$\beta = F_{n-1}[t_{\alpha/2}(n-1) - \lambda],$$

其中F_{n-1}为自由度为$n-1$的t分布的分布函数，可得

$$t_{\alpha/2}(n-1) - \lambda = t_{1-\beta}(n-1)$$
$$\Longrightarrow \quad \lambda = t_{\alpha/2}(n-1) - t_{1-\beta}(n-1) = t_{\alpha/2}(n-1) + t_{\beta}(n-1)。$$

又由于此时

$$\lambda = \frac{\sqrt{n}\delta}{S_{n-1}},$$

可得

$$\frac{\sqrt{n}\delta}{S_{n-1}} = t_{\alpha/2}(n-1) + t_{\beta}(n-1)。$$

该等式为超越方程，其左右均含有未知样本容量n，求解并不是一件容易的事，在实际应用中有专用表可供查找。

上面就正态情形讨论了两类错误与样本容量的关系，对于一般分布而言，并没有特别有效的一般性方法，但都是通过OC曲线的性质来界定适合的临界点，从而得到所需要的样本容量。

§5.6 似然比检验

对于总体$f(x, \theta)$，$X_1, X_2, \cdots, X_n$为i.i.d.样本，设未知参数θ的参数空间记为Θ，假设检验问题为

$$H_0 : \theta \in \Theta_0, \ H_1 : \theta \in \Theta_1,$$

其中$\Theta_0 \cap \Theta_1 = \varnothing$（空集），且$\Theta_0 \cup \Theta_1 = \Theta$。令$\theta$在全空间$\Theta$上的极大似然估计为$\hat{\theta}$，即

$$L(\hat{\theta}, \ x) = \max_{\theta \in \Theta} L(\theta, \ x);$$

又当H_0成立时，令$\hat{\theta}_0$为θ为Θ_0上的极大似然估计，即

$$L(\hat{\theta}_0, \ x) = \max_{\theta \in \Theta_0} L(\theta, \ x)。$$

令

$$\lambda(x) = \frac{L(\hat{\theta}_0, \ x)}{L(\hat{\theta}, \ x)},$$

显然有$0 \leqslant \lambda \leqslant 1$。由于分子和分母均与未知参数$\theta$无关，因而$\lambda(x)$与$\theta$无关，只与样本$X = (X_1, \ X_2, \ \cdots, \ X_n)$有关，故$\lambda(x)$为统计量，一般称之为似然比统计量。对于原假设检验问题，根据假设检验的思路：当λ偏小时，说明分子偏小，偏向于认为真实值θ不在Θ_0，否则认为真实值θ在Θ_0。此外，应该寻找一个临界值c，使$P\{\lambda(x) < c\} = \alpha$，令$A = \{\lambda(x) < c\}$，则$A$就可以作为原假设检验问题的拒绝域。因此，如果能够得到统计量$\lambda(x)$的分布，则原假设检验问题的检验规则就可以给出，我们把这种基于似然估计的检验问题称为似然比检验。

似然比检验的思路很清晰，但在实际应用中由于$\lambda(x)$的分布很难给出，故通常需去寻找一个关系式$\lambda(x) = g[T(x)]$，其中$g(\cdot)$是严格的单调函数，$T(x)$是一个容易得到分布的统计量，这样一来，可以使$\{\lambda(x) < C\}$等价于$\{T(x) > C_1\}$或$\{T(x) < C_2\}$（由单调性决定）。

例 5.6.1 $X_1, \ X_2, \ \cdots, \ X_n$为来自$N(\mu, \ \sigma^2)$的样本，对于双边检验问题

$$H_0 : \mu = \mu_0, \ H_1 : \mu \neq \mu_0,$$

请给出似然比检验的规则。

解：由于

$$\hat{\mu} = \overline{X}, \ \hat{\sigma}^2 = \frac{1}{n}\sum_{i=1}^{n}(X_i - \overline{X})^2,$$

故

$$L(\hat{\theta}; \ X_1, \ X_2, \ \cdots, \ X_n) = \left(\frac{1}{2\pi\hat{\sigma}^2}\right)^{n/2} \exp\left\{-\frac{1}{2\hat{\sigma}^2}\sum_{i=1}^{n}(X_i - \overline{X})^2\right\}$$

$$= \left[\frac{2\pi}{n}\sum_{i=1}^{n}(X_i - \overline{X})^2\right]^{-\frac{n}{2}} e^{-\frac{n}{2}}。$$

当H_0成立时，即$\mu = \mu_0$，则

$$L(\hat{\theta}_0; \ X_1, \ X_2, \ \cdots, \ X_n) = \left(\frac{1}{2\pi\hat{\sigma}_1^2}\right)^{n/2} \exp\left\{-\frac{1}{2\hat{\sigma}_1^2}\sum_{i=1}^{n}(X_i - \mu_0)^2\right\},$$

其中

$$\hat{\sigma}_1^2 = \frac{1}{n}\sum_{i=1}^n (X_i - \mu_0)^2,$$

于是有

$$L(\hat{\theta}_0;\ X_1,\ X_2,\ \cdots,\ X_n) = \left(\frac{1}{\sqrt{2\pi\hat{\sigma}_1^2}}\right)^n \mathrm{e}^{-\frac{n}{2}},$$

从而

$$\lambda(x) = \left[\frac{\sum\limits_{i=1}^n (X_i - \mu_0)}{\sum\limits_{i=1}^n (X_i - \overline{X})}\right]^{-n/2} = \left[1 + \frac{n(\mu_0 - \overline{X})^2}{\sum\limits_{i=1}^n (X_i - \overline{X})}\right]^{-n/2} = \left(1 + \frac{t^2}{n-1}\right)^{-n/2},$$

其中

$$t = \sqrt{n(n-1)} \cdot \frac{\overline{X} - \mu_0}{\sqrt{\sum\limits_{i=1}^n (X_i - \overline{X})^2}} \sim t(n-1)\ （当H_0成立）。$$

由于$\lambda(X)$是t^2的严格单调递减函数, 故

$$\{\lambda(x) < C\} \Longleftrightarrow \{t^2 > C_1\},$$

对于给定的α, 拒绝域为

$$\{|t| > C_2\},$$

接受域为

$$\{|t| \leqslant C_2\},$$

则检验规则为

$$\begin{cases} |t| \leqslant t_{\alpha/2} & 接受H_0 \\ 否则 & 拒绝H_0 \end{cases},$$

这与前面的t检验完全一致。

接下来我们考虑另一个检验问题:

$$H_0 : \sigma^2 = \sigma_0^2,\ H_1 : \sigma^2 \neq \sigma_0^2,$$

同样有

$$L(\hat{\theta}) = \left[\frac{2\pi}{n}\sum_{i=1}^n (X_i - \overline{X})^2\right]^{-\frac{n}{2}} \mathrm{e}^{-\frac{n}{2}},$$

但

$$L(\hat{\theta}_0) = \left(\frac{1}{\sqrt{2\pi}\sigma_0}\right)^n \exp\left\{-\frac{1}{2\sigma_0^2}\sum_{i=1}^{n}(X_i-\overline{X})^2\right\}。$$

此时

$$\lambda = \frac{L(\hat{\theta}_0)}{L(\hat{\theta})} = \left[\frac{\sum\limits_{i=1}^{n}(X_i-\overline{X})^2}{n\sigma_0^2}\right]^{\frac{n}{2}} \exp\left\{-\frac{1}{2\sigma_0^2}\sum_{i=1}^{n}(X_i-\overline{X})^2\right\}\mathrm{e}^{\frac{n}{2}}。$$

令

$$y = \frac{\sum\limits_{i=1}^{n}(X_i-\overline{X})^2}{n\sigma_0^2},$$

则

$$\lambda = y^{\frac{n}{2}}\mathrm{e}^{-\frac{1}{2}ny}\mathrm{e}^{\frac{n}{2}},$$

$$\frac{\mathrm{d}\lambda}{\mathrm{d}y} = \frac{1}{2}n\mathrm{e}^{n/2}\mathrm{e}^{-\frac{1}{2}ny}y^{\frac{n}{2}-1}(1-y)。$$

很明显：λ 不是关于统计量 y 的严格单调函数。此时似然比检验中的似然比 $\lambda(x)$ 很难找到具体的分布，也很难找到已知其确定分布的 $T(x)$，使 $\lambda(x) = g[T(x)]$，且 $g(\cdot)$ 为严格单调函数，这通常也是似然比检验的缺点。但是在大样本情形下，一般有

$$-2\ln\lambda(x) \overset{\cdot}{\sim} \chi^2(k),$$

即 $-2\ln\lambda(x)$ 近似服从卡方分布，由于 $0 < \lambda(x) < 1$，则 $\ln\lambda(x)$ 为负数，当

$$-2\ln\lambda(x) > \chi_\alpha^2(k)$$

时，说明 $\ln\lambda$ 偏小，故 $\lambda(x)$ 偏小，倾向于拒绝 H_0。因此，可以采用检验规则

$$\left\{\begin{array}{ll} -2\ln\lambda(x) > \chi_\alpha^2(k) & 拒绝H_0 \\ 否则 & 接受H_0 \end{array}\right.,$$

其中 k 为未知参数个数。

例 **5.6.2** 从正态总体抽取 $n = 50$ 的样本，经计算得

$$\sum_{i=1}^{n}(X_i-\overline{X})^2 = 1800,$$

检验假设（$\alpha = 0.05$）

$$H_0 : \sigma^2 = 5^2, \quad H_1 : \sigma^2 \neq 5^2。$$

解：由于

$$-2\ln\lambda(x) = -2\left(\frac{n}{2}\ln y - \frac{1}{2}ny + \frac{n}{2}\right) = n(y - \ln y - 1),$$

其中

$$y = \frac{\sum\limits_{i=1}^{n}(X_i - \overline{X})^2}{n\sigma_0^2},$$

故对应于假设检验

$$H_0 : \sigma^2 = \sigma_0^2, \ \ H_1 : \sigma^2 \neq \sigma_0^2$$

的检验规则为

$$\begin{cases} n(y - \ln y - 1) > \chi_{0.05}^2(2) & \text{拒绝} H_0 \\ \text{否则} & \text{接受} H_0 \end{cases}。$$

把

$$n = 50, \ \ y = \frac{1800}{50 \times 25} = \frac{36}{25}$$

代入，有

$$-2\ln\lambda(x) = 50 \times \left(\frac{36}{25} - \ln 36 + \ln 25 - 1\right) = 3.76 < \chi_{0.05}^2(2) = 5.99,$$

故接受H_0（与§5.2一致，读者可自行验证）。

但对于单边检验问题

$$H_0 : \sigma^2 \leqslant \sigma_0^2, \ \ H_1 : \sigma^2 > \sigma_0^2,$$

情况则要复杂得多，此时$L(\hat{\theta})$还是一样为

$$\left[\frac{2\pi}{n}\sum_{i=1}^{n}(X_i - \overline{X})^2\right]^{-\frac{n}{2}} e^{-\frac{n}{2}},$$

但

$$L(\hat{\theta}_0) = \max_{\sigma^2 \leqslant \sigma_0^2} g(\sigma^2),$$

其中

$$g(\sigma^2) = (2\pi\sigma^2)^{-n/2}\exp\left[-\frac{1}{2\sigma^2}\sum_{i=1}^{n}(X_i - \overline{X})^2\right],$$

131

于是

$$\ln g(\sigma^2) = -\frac{n}{2}\ln 2\pi - \frac{n}{2}\ln \sigma^2 - \frac{1}{2\sigma^2}\sum_{i=1}^{n}(X_i - \overline{X})^2,$$

由

$$\frac{\mathrm{d}[\ln g(\sigma^2)]}{\mathrm{d}\sigma^2} = -\frac{n}{2}\cdot\frac{1}{\sigma^2} + \frac{1}{2\sigma^4}\sum_{i=1}^{n}(X_i - \overline{X})^2 = 0$$

得到

$$\hat{\sigma}^2 = \frac{1}{n}\sum_{i=1}^{n}(X_i - \overline{X})^2。$$

因此，当$\hat{\sigma}^2 \leqslant \sigma_0^2$ 时，$g(\sigma^2)$的最大值为$g(\hat{\sigma}^2)$，则$\lambda(x) = 1$；但当$\hat{\sigma}^2 > \sigma_0^2$ 时，说明$g(\sigma^2)$在$\sigma^2 \leqslant \sigma_0^2$区域内没有驻点。考虑到$0 \leqslant \sigma^2 \leqslant \sigma_0^2$，由于在$\sigma^2 = 0$处$g(\sigma^2)$不连续，令

$$h(\sigma^2) = -\frac{n}{2}\ln\sigma^2 - \frac{1}{2\sigma^2}\sum_{i=1}^{n}(X_i - \overline{X})^2,$$

在非平凡情形下，即当$\sum_{i=1}^{n}(X_i - \overline{X})^2 \neq 0$时，易验证

$$\lim_{\sigma^2\to 0} h(\sigma^2) = -\infty,$$

故

$$\lim_{\sigma\to 0} g(\sigma^2) = 0,$$

又$g(\sigma^2)$在$(0,\ \sigma_0^2]$内为连续函数，此时$g(\sigma^2)$必在$\sigma^2 = \sigma_0^2$处取到最大值，即

$$L(\hat{\theta}_0) = g(\sigma_0^2) = (2\pi\sigma_0^2)^{-\frac{n}{2}}\exp\left[-\frac{1}{2\sigma_0^2}\sum_{i=1}^{n}(X_i - \overline{X})^2\right],$$

此时

$$\lambda = \frac{L(\hat{\theta}_0)}{L(\hat{\theta})} = y^{\frac{n}{2}}\exp\left\{\frac{n}{2} - \frac{n}{2}y\right\},$$

其中

$$y = \frac{\sum_{i=1}^{n}(X_i - \overline{X})^2}{n\sigma_0^2},$$

故

$$\lambda = \begin{cases} 1 & y \leqslant 1 \\ y^{\frac{n}{2}}\exp\left\{\frac{n}{2} - \frac{n}{2}y\right\} & y > 1 \end{cases}。$$

又

$$\ln \lambda = \ln \left[y^{\frac{n}{2}} \exp \left(\frac{n}{2} - \frac{n}{2} y \right) \right] = \frac{n}{2} \ln y + \frac{n}{2} - \frac{n}{2} y \ (y > 1) ,$$

此时

$$\frac{\mathrm{d}(\ln \lambda)}{\mathrm{d}y} = \frac{n}{2} \cdot \frac{1}{y} - \frac{n}{2} < 0,$$

故当 $y > 1$ 时，λ 和 $\ln \lambda$ 皆为关于 y 的单调递减函数，此时 $\{\lambda < C\} \Longleftrightarrow \{y > C'\}$。又

$$P\{y > C'\} = P\left\{ \frac{\sum\limits_{i=1}^{n}(X_i - \overline{X})^2}{n\sigma_0^2} > C' \right\} = P\left\{ \frac{\sum\limits_{i=1}^{n}(X_i - \overline{X})^2}{n\sigma^2} \cdot \frac{\sigma^2}{\sigma_0^2} > C' \right\}$$

$$\leqslant P\left\{ \frac{\sum\limits_{i=1}^{n}(X_i - \overline{X})^2}{n\sigma^2} > C' \right\} = \alpha \ （当 H_0 成立）,$$

且

$$\frac{\sum\limits_{i=1}^{n}(X_i - \overline{X})^2}{n\sigma^2} \sim \chi^2(n-1),$$

取 $C' = \chi_\alpha^2(n-1)$，则检验规则可以取为

$$\begin{cases} \dfrac{\sum\limits_{i=1}^{n}(X_i - \overline{X})^2}{n\sigma_0^2} > \chi_\alpha^2(n-1) & 拒绝 H_0 \\ 否则 & 接受 H_0 \end{cases} 。$$

此外，当

$$\frac{\sum\limits_{i=1}^{n}(X_i - \overline{X})^2}{n\sigma_0^2} > \chi_\alpha^2(n-1)$$

且 α 不太大时，必有满足 $y > 1$ 的条件。

上面就正态分布的参数似然比检验做了若干讨论，下面就非正态情形再举一例。

例 5.6.3 已知

$$X \sim f(x) = \frac{1}{\theta}\mathrm{e}^{-x/\theta}, \ x > 0,$$

$X_1,\ X_2,\ \cdots,\ X_n$ 为 i.i.d. 样本。对检验问题

$$H_0 : \theta \geqslant \theta_0, \ H_1 : \theta < \theta_0,$$

133

请给出似然比检验方法（$\alpha = 0.05$）。

解：因为 θ 的极大似然估计为 $\overline{X}$，故

$$L(\theta) = \frac{1}{(\overline{X})^n} \exp\left(-\frac{n\overline{X}}{\overline{X}}\right) = \mathrm{e}^{-n}/(\overline{X})^n \triangleq L_1,$$

$$L(\theta \geqslant \theta_0;\ X_1,\ X_2,\ \cdots,\ X_n) = \max_{\theta \geqslant \theta_0}\left[\frac{1}{\theta^n}\exp\left(-\frac{1}{\theta}\sum_{i=1}^{n}X_i\right)\right] \triangleq L_0。$$

令

$$g(\theta) = \frac{1}{\theta^n}\exp\left(-\frac{1}{\theta}\sum_{i=1}^{n}X_i\right),$$

则

$$\ln[g(\theta)] = -n\ln\theta - \frac{1}{\theta}\sum_{i=1}^{n}X_i。$$

由

$$\frac{\mathrm{d}\ln[g(\theta)]}{\mathrm{d}\theta} = -\frac{n}{\theta} + \frac{1}{\theta^2}\sum_{i=1}^{n}X_i = 0 \Longrightarrow \hat{\theta} = \frac{1}{n}\sum_{i=1}^{n}X_i,$$

故当 $\hat{\theta} \geqslant \theta_0$ 时，

$$L_0 = \frac{1}{(\overline{X})^n}\exp\left(-\frac{n\overline{X}}{\overline{X}}\right) = \mathrm{e}^{-n}(\overline{X})^n = L_1;$$

当 $\hat{\theta} < \theta_0$ 时，L_0 在 $[\theta_0,\ +\infty)$ 内没有驻点，易证

$$\lim_{\theta \to \infty} g(\theta) = 0,$$

故 L_0 此时的最大值点在 $\theta = \theta_0$ 处，即

$$L_0 = \frac{1}{\theta_0^n}\exp\left(-\frac{1}{\theta_0}\sum_{i=1}^{n}X_i\right)。$$

故

$$\lambda(x) = L_0/L_1 = \begin{cases} 1 & \theta_0 \leqslant \hat{\theta} \\ \left(\frac{\overline{X}}{\theta_0}\right)^n\exp\left(-\frac{n\overline{X}}{\theta_0} + \frac{n\overline{X}}{\overline{X}}\right) & \theta_0 > \hat{\theta} \end{cases}$$

$$= \begin{cases} 1 & \frac{\overline{X}}{\theta_0} \geqslant 1 \\ \left(\frac{\overline{X}}{\theta_0}\right)^n\exp\left\{-\frac{n\overline{X}}{\theta_0} + n\right\} & \frac{\overline{X}}{\theta_0} < 1 \end{cases},$$

令 $\overline{X}/\theta_0 = y$，则

$$\lambda(x) = y^n \exp\{-ny + n\}, \ y < 1。$$

由于 $\lambda(x)$ 是关于 y 的严格递增函数（$y < 1$），故

$$\{\lambda(x) < C\} \Longleftrightarrow \{y < C'\} \Longleftrightarrow \{2ny < C''\}。$$

又

$$2ny = 2n \cdot \frac{\overline{X}}{\theta_0} = \frac{2\sum\limits_{i=1}^{n} X_i}{\theta_0} = \frac{2\sum\limits_{i=1}^{n} X_i}{\theta} \cdot \frac{\theta}{\theta_0},$$

故

$$P\{2ny < C''\} \leqslant P\left\{\frac{2\sum\limits_{i=1}^{n} X_i}{\theta} < C''\right\} = \alpha \ （当 H_0 成立）。$$

又

$$\frac{2\sum\limits_{i=1}^{n} X_i}{\theta} \sim \chi^2(2n),$$

故原检验问题的拒绝域为

$$\left\{\frac{2\sum\limits_{i=1}^{n} X_i}{\theta_0} < \chi^2_{1-\alpha}(2n)\right\}。$$

应当注意的是，当 $2ny < \chi^2_{1-\alpha}(2n)$ 时，

$$y < \frac{1}{2n}\chi^2_{1-\alpha}(2n),$$

在 α 不是太大的情况下均有 $y < 1$。

似然比检验是个思想深刻的方法，但在许多场合 $\lambda(x)$ 的分布很难确定，这也限制了这个方法的应用。然而随着计算机技术的迅猛发展，现也得到了很多相关研究成果，其可以通过 Monte-Carlo 模拟得到近似分位值，从而进行似然比检验。

思考练习题

1. 比较甲、乙两种轮胎的耐磨性。现从两种轮胎中各取 8 个，每组各取 1 个组成 1 对，共有 8 对安装在 8 架飞机的轮胎上，经过观测期后，轮胎磨损量见表 5.1，

试问这两种轮胎耐磨性有无显著差异？（$\alpha = 0.05$，假定两种轮胎磨损量相互独立且服从正态分布）

表 5.1　轮胎磨损量（单位：mm）

飞　机	1	2	3	4	5	6	7	8
甲磨损量	49	49	55	60	63	77	86	49
乙磨损量	49	52	51	50	61	69	79	50

2. 设总体

$$X \sim f(x) = \frac{1}{\theta}e^{-x/\theta} \ (x > 0),$$

从总体中抽取 $n = 15$ 的样本 X_1，X_2，$\cdots$，X_{15}，经计算得

$$\sum_{i=1}^{15} X_i = 320, \quad \sum_{i=1}^{15} X_i^2 = 6500,$$

可否认为 θ 大于 20？（$\alpha = 0.05$）

3. 正态总体 $X \sim N(\mu, \sigma)^2$，其中 σ^2 为已知，X_1，X_2，$\cdots$，X_n 为 i.i.d. 样本。对于给定的水平 α，请给出检验问题

$$H_0 : \mu = \mu_0, \ H_1 : \mu = \mu_1 \ （\mu_1 为已知且大于 \mu_0）$$

的检验规则并计算第 II 类错误。

4. 已知

$$X \sim f(x) = \frac{1}{\theta}e^{-x/\theta} \ (x \geqslant 0),$$

X_1，X_2，$\cdots$，X_n 为 i.i.d. 样本。对 $H_0 : \theta \leqslant \theta_0$，$H_1 : \theta > \theta_0$，请给出似然比检验方法（$\alpha = 0.05$）。

5. 某厂规定每批次的次品率小于 3% 方可出厂，现从某批次的 200 件产品的检测中出现 10 个次品，在显著水平 $\alpha = 0.05$ 下，这批次产品能否出厂？

6. 设总体 $X \sim N(\mu, 10^2)$，对于双边检验问题：$H_0 : \mu = \mu_0$，$H_1 : \mu \neq \mu_0$，欲使当 $|\mu - \mu_0| \geqslant 2$ 时，$\alpha = 0.05$，$\beta = 0.1$，至少应该选取多少个样本？

7. 分别选取50名女性和60名男性做同样一件工作。50个女性平均耗时30分钟，标准差10分钟；60个男性平均耗时35分钟，标准差12分钟。可否认为男性和女性在做这件工作时效率没有显著差异？（$\alpha = 0.05$）

8. 从Poisson分布$X \sim P(\lambda)$中抽取$n = 80$的i.i.d.样本X_1，X_2，$\cdots$，X_{80}，经计算得

$$\sum_{i=1}^{80} X_i = 200,$$

可否认为$\lambda = 2$？（$\alpha = 0.05$）

第6章　分布假设检验

第5章就不同分布的参数的假设检验做了较为详尽的讨论，但是一个更为重要的问题是：如何确定总体分布的具体类型？如果总体分布的确定不够准确，则显然会影响到其未知参数的估计以及检验。换句话说，把握总体的具体分布类型，是统计推断的根本出发点。人们在实际应用中总结了许多经验，如可靠性分析中的极值分布、测量误差的正态分布、寿命研究的指数分布、机械构件的威布尔分布、金融分析中的广义误差分布、随机服务系统中的Poisson分布等。随着计算机技术的发展，以及大数据时代的到来，准确把握随机变量的分布类型的手段变得更加丰富。

§6.1　皮尔逊卡方检验

从一个具体分布类型未知的总体X中抽取i.i.d. 样本X_1，X_2，$\cdots$，X_n，用以确定总体的分布类型。由于积累了大量的经验和资料，特定的总体一般对应着特定的应用背景，如正态分布又称高斯分布，是从研究测量误差而产生的；又比如在随机服务系统中，相继顾客到达间隔时间一般服从指数分布，单位时间到达某系统的顾客数一般服从Poisson 分布等。在实际应用中，常需要验证这类关于分布的假定。也就是说，对于抽取的样本，我们常需做如下假设检验：

$$H_0 : X \sim F_0(X), \quad H_1 : X \approx F_0(X)。$$

和参数假设检验略为不同，我们仅对原假设进行鉴别，如果不接受原假设，一般就结束了检验问题。也就是说，并不是"二中选一"，而是要不要"选一"。故在正常情况下，可以不写H_1而直接写成

$$H_0 : X \sim F_0(X)。$$

由于随机变量是定义在样本空间而取值于实数域上的变量，故X_1，X_2，$\cdots$，X_n

取值在实数域内，此时如果把实数域分成适当的区间

$$(-\infty, \ a_1), \ [a_1, \ a_2), \ \cdots, \ [a_{k-1}, \ \infty),$$

其中

$$a_0 \triangleq -\infty < a_1 < a_2 < \cdots < a_{k-1} < a_k \triangleq +\infty,$$

则当 H_0 真时，令

$$P_i = F_0(a_i) - F_0(a_{i-1}), \ i = 1, \ 2, \ \cdots, \ k,$$

此时 P_i 为随机变量落在第 i 个区间的理论概率。当 n 足够大时，nP_i 为样本落在第 i 个区间的理论频数，记 n_i 为 $X_1, \ X_2, \ \cdots, \ X_n$ 中实际落在第 i 个区间的频数，则诸 nP_i 与 n_i 的整体差距不应太大。皮尔逊证明了：当 n 足够大，区间的选择合适的话，则

$$\sum_{i=1}^{k} \frac{(n_i - nP_i)^2}{nP_i} \sim \chi^2(k-1),$$

故对于原假设检验的检验规则为

$$\begin{cases} \chi^2 = \sum_{i=1}^{k} \frac{(n_i - nP_i)^2}{nP_i} > \chi_\alpha^2(k-1) & \text{拒绝原假设} \\ \text{否则} & \text{接受原假设} \end{cases}。$$

此时令

$$A = \{\chi^2 > \chi_\alpha^2(k-1)\},$$

则当原假设成立时有 $P(A) = \alpha$，即 A 为小概率事件，且 A 发生意味着 n_i 与 nP_i 距离偏大，有利于备择事件的发生，应该拒绝原假设。

仔细观察 χ^2 统计量的计算，由于 n_i 是可以观测到的，但如果 F_0 中含有未知参数（如正态分布中的 μ 及 σ^2 不是已知的），则 $P_i = F_0(a_i) - F_0(a_{i-1})$ 的值还是无法计算，则应在 H_0 成立下的具体分布类型中由未知参数的估计值替代。如果总体含有 r 个未知参数，则 r 个未知参数应全部由适当的估计值替代，则得到了 P_i 的估计值 $\hat{P}_i$，相应的检验规则改为

$$\begin{cases} \chi^2 = \sum_{i=1}^{k} \frac{(n_i - n\hat{P}_i)^2}{n\hat{P}_i} > \chi_\alpha^2(k-r-1) & \text{拒绝原假设} \\ \text{否则} & \text{接受原假设} \end{cases}。$$

上述分布的假设检验称为拟合检验，而该方法称为 χ^2 检验法。一般要求 $n \geqslant 50$，且每个 $n\hat{P}_i$ 不小于5，如果不符合这个要求，应进行适当的合并以满足这个要求。

例 6.1.1 从一个有60人的班级的某门课的一次考试成绩统计来看，可否认为成绩来自于正态总体（$\alpha = 0.05$）？

$$82,\ 67,\ 75,\ 93,\ 42,\ 62,\ 60,\ 86,\ 85,\ 25,\ 68,\ 88,\ 79,\ 65,\ 96,$$

$$80,\ 70,\ 72,\ 75,\ 60,\ 82,\ 76,\ 94,\ 60,\ 38,\ 50,\ 66,\ 77,\ 90,\ 83,$$

$$85,\ 63,\ 78,\ 87,\ 86,\ 45,\ 80,\ 73,\ 74,\ 62,\ 68,\ 88,\ 90,\ 83,\ 72,$$

$$75,\ 75,\ 82,\ 68,\ 70,\ 80,\ 91,\ 67,\ 90,\ 81,\ 66,\ 72,\ 78,\ 80,\ 86$$

解： 令$a_1 = 60$，$a_2 = 70$，$a_3 = 80$，$a_4 = 90$，则我们把实数域分为

$$(-\infty,\ 60),\ [60,\ 70),\ [70,\ 80),\ [80,\ 90),\ [90,\ \infty)。$$

经计数可得到$n_1 = 5$，$n_2 = 14$，$n_3 = 16$，$n_4 = 18$，$n_5 = 7$。由于我们并不知道正态分布的具体参数值，故以其估计值替代。经计算得到

$$\overline{X} = 74.017,\ S_{n-1}^2 = 14.114^2 = 199.205,$$

于是我们有

$$\hat{\mu} = 74.017,\ \hat{\sigma}^2 = 199.205,$$

从而可以得到

$$\hat{P}_1 = 0.16,\ \hat{P}_2 = 0.228,\ \hat{P}_3 = 0.276,\ \hat{P}_4 = 0.207,\ \hat{P}_5 = 0.129。$$

因此，对于检验问题

$$H_0 : 成绩来自于正态总体，$$

其检验统计量

$$\chi^2 = \sum_{i=1}^{5} \frac{(n_i - n\hat{P}_i)^2}{n\hat{P}_i} = 4.8083 < \chi_{0.05}^2(5 - 2 - 1) = \chi_{0.05}^2(2) = 5.991,$$

从而接受原假设，认为成绩来自正态总体。

例 6.1.2 掷一颗骰子120次，出现1，2，3，4，5，6的次数分别为15，18，25，20，17，25，可否认为此颗骰子均匀？（$\alpha = 0.05$）

解： 原假设检验其实是

$$H_0 : P_1 = P_2 = P_3 = P_4 = P_5 = P_6,$$

其中P_i表示任意掷一次骰子出现点数为i的概率。如果令X为掷一颗均匀骰子出现的点数，则X服从的分布律为

X	1	2	3	4	5	6
P	1/6	1/6	1/6	1/6	1/6	1/6

对应的分布函数为

$$F(x) = \begin{cases} 0 & x < 1 \\ 1/6 & 1 \leqslant x < 2 \\ 2/6 & 2 \leqslant x < 3 \\ 3/6 & 3 \leqslant x < 4 \\ 4/6 & 4 \leqslant x < 5 \\ 5/6 & 5 \leqslant x < 6 \\ 1 & x \geqslant 6 \end{cases}。$$

　　如果机械地进行区间的划分，则显然太过于麻烦了，可以根据χ^2检验的思想，对应于一组$a_0 = -\infty$，$a_1 = 1.1$，$a_2 = 2.1$，$a_3 = 3.1$，$a_4 = 4.1$，$a_5 = 5.1$，$a_6 = +\infty$直接计算

$$\chi^2 = \frac{(15-20)^2}{20} + \frac{(18-20)^2}{20} + \frac{(25-20)^2}{20} + \frac{(20-20)^2}{20} + \frac{(17-20)^2}{20} + \frac{(25-20)^2}{20}$$
$$= 4.4 < \chi^2_{0.05}(5) = 11.071,$$

故可以认为骰子是均匀的。

　　另外，这个方法适用于大部分彩票开奖是否符合均匀结果的检验。

例 6.1.3 以下是某彩票官网查询的2013年至2015年第54期的36选7所得到的360期开奖结果：依次从1到36数字共出现的次数为

70，63，65，64，65，71，73，78，66，69，63，81，67，81，80，75，66，68，

68，80，75，71，65，61，59，65，61，83，72，64，73，72，73，70，73，70，

可否认为结果均匀（$\alpha = 0.05$）？

解：要检验的问题是

$$H_0 : P_1 = P_2 = \cdots = P_{36} = 7/36,$$

这是因为如果结果是均匀的，则每次出现数字i的概率P_i应相等，$i = 1$，2，$\cdots$，36。

此时

$$\chi^2 = \sum_{i=1}^{36} \frac{(n_i - nP_i)^2}{nP_i}$$

$$= \frac{1}{70} \times (0 + 49 + 25 + 36 + 25 + 1 + 9 + \cdots + 4 + 9 + 0 + 9 + 0)$$

$$= \frac{1}{70} \times 1374 \approx 19.629 < \chi^2_{0.05}(36 - 1) = 49.802,$$

故无法拒绝原假设，认为结果是合理的。

在例6.1.1中，我们对一批成绩进行正态性检验，这是教育统计学中常采用的手段。但详细考察一下正态分布的特性，其样本取值范围是$(-\infty, \infty)$，而考试成绩绝不会出现负值，对成绩进行正态性检验无论是在理论上还是应用上均会有所困惑。事实上，考试成绩虽然均为正数，但如果设其总体均值为μ，则μ的估计值为$\hat{\mu} = \overline{X}$，很明显

$$P(X < 0) = P\left(\frac{X - \mu}{\sigma} < -\mu/\sigma\right)$$

$$= \Phi(-\mu/\sigma) \approx \Phi\left(-\overline{X}/S_{n-1}\right),$$

一般来说

$$\Phi\left(-\overline{X}/S_{n-1}\right) \to 0,$$

如在例6.1.1中，

$$\Phi\left(-\overline{X}/S_{n-1}\right) = \Phi\left(-74.017/14.114\right) \approx 0,$$

故成绩这一随机变量取负值是个接近零概率的事件，从而保证了检验的结果基本不受影响。所以，在数理统计的实证分析中，对例6.1.1的正态性假设检验并不会引起混淆。当然，从更严格的角度来说，我们可以认为原总体是服从截尾正态分布的，此情形与经济计量建模中的"删失数据"有些类似。

§6.2   柯尔莫哥洛夫与斯米尔诺夫检验

对于原假设$F_0(x)$不含未知参数，且样本容量较大情形，通常也可采用柯尔莫哥洛夫检验。

从总体$F(x)$抽取i.i.d.样本X_1，X_2，$\cdots$，X_n，记对应的顺序统计量为

$$x_{(1)} \leqslant x_{(2)} \leqslant \cdots \leqslant x_{(n)},$$

其经验分布函数为$F_n(x)$，即

$$F_n(x) = \begin{cases} 0 & x < x_{(1)} \\ k/n & x_{(k)} \leqslant x < x_{(k+1)}, \ k = 1, \ 2, \ \cdots, \ n-1 \\ 1 & x \geqslant x_{(n)} \end{cases}。$$

对于检验问题

$$H_0 : X \sim F_0(x),$$

其中$F_0(x)$不含未知参数，令

$$D_0^+ = \sup_{-\infty < x < +\infty} [F_n(x) - F_0(x)],$$

$$D_0^- = \sup_{-\infty < x < +\infty} [F_0(x) - F_n(x)],$$

$$D_n = \max(D_0^+, \ D_0^-),$$

则由$F_0(x)$及$F_n(x)$的单调不减性质易知

$$D_n = \max \left\{ \left| F_0[x_{(i)}] - \frac{i-1}{n} \right|, \ \left| F_0[x_{(i)}] - \frac{i}{n} \right|, \ i = 1, \ 2, \ \cdots, \ n \right\}。$$

定理 6.2.1 柯尔莫哥洛夫定理

$$\lim_{n \to +\infty} P\{\sqrt{n}D_n \leqslant z\} = K(z), \ z \geqslant 0,$$

其中

$$K(z) = 1 - 2\sum_{i=1}^{+\infty} (-1)^{i-1} \mathrm{e}^{-2i^2 z^2}$$

（证明略）。

利用定理6.2.1可以构造柯尔莫哥洛夫检验的规则：

$$\begin{cases} D_n > D_{n,\,\alpha} & 拒绝H_0 \\ 否则 & 接受H_0 \end{cases},$$

其中有$P\{D_n > D_{n,\,\alpha}\} = \alpha$，对于确定的$n$及$\alpha$，利用定理6.2.1可以得到对应的分位值$D_{n,\,\alpha}$（见附10）；或者

$$\begin{cases} \sqrt{n}D_n \geqslant A & 拒绝H_0 \\ 否则 & 接受H_0 \end{cases},$$

其中$\sqrt{n}D_n \sim K(z)$，由柯尔莫哥洛夫表可得$1 - K(A) = \alpha$查找对应的A（见附11）。

例 6.2.1 从随机数表中抽取25个观测数据如下：

0.06	0.54	0.81	0.87	0.21	0.11	0.31	0.40	0.46	0.17	0.62	0.33	0.63
0.78	0.99	0.71	0.44	0.14	0.12	0.64	0.55	0.51	0.68	0.65	0.60	

试检验它们是否来自均匀分布 $C[0, 1]$（$\alpha = 0.05$）？

解：要检验的问题是

$$H_0 : F(x) = F_0(x),$$

其中

$$F_0(x) = \begin{cases} 0 & x \leqslant 0 \\ x & 0 < x < 1 \\ 1 & x \geqslant 1 \end{cases},$$

相关计算见表6.1。

    方法一 由表6.1得

$$D_n = 0.13 < D_{25,\,0.05} = 0.264,$$

接受 H_0。

    方法二 由 $\alpha = 0.05$，得 $K(A) = 0.95$，查表得 $A = 1.36$，故

$$\sqrt{n}D_n = \sqrt{25} \times 0.13 = 0.65 < A,$$

故接受 H_0。

    综上，认为该批数据与均匀分布吻合。

    在实际应用中，常需比较两个母体的真实分布是否相同（不一定是已知的），可通过分别抽取的两总体的子样，并采取类似于柯尔莫哥洛夫检验的斯米尔诺夫检验方法来判断这个问题。

定理 6.2.2 设从总体 $X \sim F(x)$ 中抽取容量为 m 的样本 $X_1, X_2, \cdots, X_m$，从与 X 独立的总体 $Y \sim G(x)$ 抽取容量 n 的样本 $Y_1, Y_2, \cdots, Y_n$。考虑检验问题

$$H_0 : F = G。$$

令 $F_m(x)$ 和 $G_n(x)$ 分别对应 X 和 Y 的经验分布函数，定义

$$D_{m,\,n} = \sup_{-\infty < x < +\infty} |F_m(x) - G_n(x)|,$$

表 6.1　例6.2.1的相关计算

$x_{(k)}$	$F_n[x_{(k)}]$	$F_0[x_{(k)}]$	$F_n[x_{(k)}] - F_0[x_{(k)}]$	$F_n[x_{(k+1)}] - F_0[x_{(k)}]$
0.06	0.00	0.06	-0.06	-0.02
0.11	0.04	0.11	-0.07	-0.03
0.12	0.08	0.12	-0.04	0
0.14	0.12	0.14	-0.02	0.02
0.17	0.16	0.17	-0.01	0.03
0.21	0.20	0.21	-0.01	0.03
0.31	0.24	0.31	-0.07	-0.03
0.33	0.28	0.33	-0.05	-0.01
0.40	0.32	0.40	-0.08	-0.04
0.44	0.36	0.44	-0.08	-0.04
0.46	0.40	0.46	-0.06	-0.02
0.51	0.44	0.51	-0.07	-0.03
0.54	0.48	0.54	-0.06	-0.02
0.55	0.52	0.55	-0.03	0.01
0.60	0.56	0.60	-0.04	0
0.62	0.60	0.62	-0.02	0.02
0.63	0.64	0.63	0.01	0.05
0.64	0.68	0.64	0.04	0.08
0.65	0.72	0.65	0.07	0.11
0.68	0.76	0.68	0.08	0.12
0.71	0.80	0.71	0.09	0.13
0.78	0.84	0.78	0.06	0.10
0.81	0.88	0.81	0.07	0.11
0.87	0.92	0.87	0.05	0.09
0.99	0.96	0.99	-0.03	0.01

则当原假设成立时，有

$$\lim_{m\to+\infty,\ n\to+\infty}\{\sqrt{k}D_{m,\ n}\leqslant z\}=\begin{cases} K(z) & z>0 \\ 0 & z\leqslant 0 \end{cases},$$

其中

$$k=\frac{mn}{m+n},$$

$K(z)$同定理6.2.1（证明略）。

利用定理6.2.2及斯米尔诺夫检验临界值表（附12），可以对原假设进行检验。

例 6.2.2 从两独立总体中分别抽取$m=n=40$，经计算得到$D_{40,\ 40}=0.95$，可否认为总体分布相同？

解： 两总体分别设为X，Y，其分布函数分别为$F(x)$，$G(x)$，则要检验的问题是

$$H_0:F(x)=G(x)。$$

由于$D_{40,\ 40}=0.95$，查斯米尔诺夫检验临界值表有

$$P(D_{40,\ 40}>D_{40,\ 40,\ 0.05})=0.05,$$

其中

$$D_{40,\ 40,\ 0.05}=12/40,$$

又

$$D_{40,\ 40}=0.95>3/10,$$

故拒绝原假设，不认为$F=G$。

§6.3 正态性检验

前两节讨论的χ^2检验及柯尔莫哥洛夫检验具有普遍的意义，也就是说对检验的分布类型并没有限制。我们通常会有这样的想法：会不会有一些特殊的检验方法用来检验某总体是否服从特定分布？这样一来，此特殊方法在检验特定分布时的"功效"会比一般的χ^2检验或柯尔莫哥洛夫检验来得好。如果有这种专门用来检验特定分布的方法，我们称之为"特效药"。显然，这里的"功效"从假设检验的思想来看应该是指第II类错误较小。由于正态分布是数理统计中最重要的分布，因此，关于正态分布的"特效药"检验研究最为深入，方法有几十种之多。经过大量的筛选，

一般以下面3种最为常用：夏皮洛-威尔克检验、爱泼斯-普利检验、偏度-峰度检验（Jarque-Bera检验，简称JB检验）。鉴于理论的难易程度及应用的方便程度，本节只介绍JB检验。

由于标准正态分布的一阶矩为0，二阶矩为1，满足这两个特性的随机变量有无穷多，如对于$Y \sim C[-\sqrt{3}, \sqrt{3}]$，也有

$$E(Y) = 0, \ E(Y^2) = D(Y) = 1。$$

注意到中心极限定理的形式

$$\lim_n P \left\{ \frac{\sum\limits_{i=1}^{n} X_i - E\left(\sum\limits_{i=1}^{n} X_i\right)}{\sqrt{D\left(\sum\limits_{i=1}^{n} X_i\right)}} < x \right\} \dot\sim \Phi(x),$$

也是基于一阶矩和二阶矩的性质。既然一阶矩、二阶矩不足以严格地将正态分布区分开来，故自然的想法是引入三阶矩和四阶矩的维度。由于正态分布的三阶矩为偏度（描述正态分布的左、右偏）、四阶矩为峰度（描述正态分布的陡峭程度），因此我们把这个检验方法称为JB检验。对于$X \sim N(0, 1)$，有

$$E(X^3) = 0, \ E(X^4) = 3。$$

对于一般的$X \sim N(\mu, \sigma^2)$，则有

$$\frac{X - E(X)}{\sqrt{DX}} \sim N(0, 1),$$

故

$$E\left[\frac{X - E(X)}{\sqrt{D(X)}}\right]^3 = \frac{E[X - E(X)]^3}{[D(X)]^{3/2}} = 0,$$

$$E\left[\frac{X - E(X)}{\sqrt{D(X)}}\right]^4 = \frac{E[X - E(X)]^4}{[D(X)]^2} = 3。$$

从X中抽取i.i.d.样本$X_1, X_2, \cdots, X_n$，令B_1, B_2, B_3, B_4分别为样本的一、二、三、四阶中心矩，即

$$B_i = \frac{1}{n} \sum_{j=1}^{n} (X_j - \overline{X})^i, \ i = 1, 2, 3, 4。$$

对于假设检验

$$H_0 : X来自正态总体，$$

则

$$V_1 = \frac{E[X - E(X)]^3}{[D(X)]^{3/2}}$$

的矩估计量为$B_3/B_2^{3/2}$，

$$V_2 = \frac{E[X - E(X)]^4}{[D(X)]^2}$$

的矩估计量为B_4/B_2^2。可以设想，当原假设成立时，$B_3/B_2^{3/2}$及B_4/B_2^2应该分别接近于0及3。记

$$G_3 = B_3/B_2^{3/2}, \quad G_4 = B_4/B_2^2,$$

分别称其为样本的偏度及峰度。此时可以证明：当n充分大时，有

$$G_3 \overset{\cdot}{\sim} N\left[0, \ \frac{6(n-2)}{(n+1)(n+3)}\right] \triangleq N(0, \ \sigma_1^2),$$

$$G_4 \overset{\cdot}{\sim} N\left[3 - \frac{6}{n+1}, \ \frac{24n(n-2)(n-3)}{(n+1)^2(n+3)(n+5)}\right] \triangleq N(\mu_2, \ \sigma_2^2),$$

即

$$u_1 = G_3/\sigma_1 \overset{\cdot}{\sim} N(0, \ 1), \quad u_2 = (G_4 - \mu_2)/\sigma_2 \overset{\cdot}{\sim} N(0, \ 1)。$$

令事件

$$A_1 = \left\{|G_3/\sigma_1| > z_{\alpha/4}\right\}, \quad A_2 = \left\{|(G_4 - \mu_2)/\sigma_2| > z_{\alpha/4}\right\},$$

则

$$P(A_1 \cup A_2) \leqslant P(A_1) + P(A_2) = \alpha/2 + \alpha/2 = \alpha。$$

令$A = A_1 \cup A_2$，则A为小概率事件；且当A发生时，要么A_1发生，要么A_2发生，都有利于H_1（或不利于H_0），故检验规则为

$$\begin{cases} A_1或A_2发生 & 拒绝H_0 \\ 否则 & 接受H_0 \end{cases}。$$

此方法即为JB检验，但以$n \geqslant 100$为宜，不满足此条件可参考本节提到的另两种方法，但理论难度稍高。

例 6.3.1 从总体X中抽取$n = 200$的i.i.d.样本，经计算得

$$\sum_{i=1}^{200} X_i = 400, \quad \sum_{i=1}^{200} X_i^2 = 2800, \quad \sum_{i=1}^{200} X_i^3 = 1000, \quad \sum_{i=1}^{200} X_i^4 = 10000,$$

可否认为该样本来自正态总体（$\alpha = 0.05$）？

解：要检验的问题是

$$H_0 : X\text{服从正态分布}.$$

由i.i.d.样本可得到样本的一、二、三、四阶矩分别为2，14，5，50，故样本的二阶中心矩

$$B_2 = 14 - 4 = 10,$$

三阶中心矩

$$B_3 = 5 - 3 \times 2 \times 14 + 2 \times 8 = -63,$$

四阶中心矩

$$B_4 = 50 - 4 \times 5 \times 2 + 6 \times 14 \times 4 - 3 \times 16 = 298,$$

故

$$G_3 = B_3/B_2^{3/2} = -63/31.62 \approx -1.99,$$

$$G_4 = B_4/B_2^2 = 298/100 = 2.98。$$

又

$$\sigma_1^2 = 6 \times 198/(201 \times 203) = 1188/40803 = 0.029, \quad \sigma_1 = 0.17,$$

$$\sigma_2^2 = (24 \times 200 \times 198 \times 197)/(201^2 \times 203 \times 205) = 0.111, \quad \sigma_2 = 0.333,$$

因此，

$$|u_1| = |-1.99/0.17| = 11.7 > z_{0.0125} = 2.24,$$

已经可以拒绝原假设了，虽然

$$u_2 = \left(2.98 - 3 + \frac{6}{201}\right)\Big/\sigma_2 = 0.0099/0.333 = 0.0297 < z_{0.0125}。$$

此外，由偏度及峰度两个统计量一并构成的JB统计量也可以进行正态性检验，其实质是结合偏度和峰度各自的平方和构成的一个统计量。其形式为

$$JB = \frac{n}{6}\left[G_3^2 + \frac{1}{4}(G_4 - 3)^2\right],$$

其中

$$G_3 = \frac{1}{n} \sum_{i=1}^{n} \left(\frac{X_i - \overline{X}}{S_{n-1}} \right)^3,$$

$$G_4 = \frac{1}{n} \sum_{i=1}^{n} \left(\frac{X_i - \overline{X}}{S_{n-1}} \right)^4,$$

$$S_{n-1}^2 = \frac{1}{n-1} \sum_{i=1}^{n} \left(X_i - \overline{X} \right)^2.$$

可以证明：对于正态原假设成立时，JB统计量服从$\chi^2(2)$分布。因此，该检验规则为

$$\begin{cases} JB \leqslant \chi_\alpha^2(2) & \text{接受原假设，样本来自正态总体} \\ \text{否则} & \text{拒绝原假设，样本不来自正态总体} \end{cases}$$

在例6.3.1中，如果采用JB检验，也是拒绝原假设的，读者可自行验算。

§6.4 指数总体的检验

指数分布作为一个寿命分布，广泛应用于电子元件、工程、保险、可靠性分析等领域。它的优良特性在数理统计中占有很重要的位置，故对指数分布的检验也是统计学中的重要课题之一。类似于上节的正态性检验，我们针对指数总体的检验也是一副"特效药"，对检验其他分布总体并不适用，但对于区分原总体是否来自指数分布确有特别的"奇效"。

以下不做说明，均将指数分布的分布函数表示为

$$F(x) = 1 - \mathrm{e}^{-x/\theta}, \ \theta > 0, \ x > 0,$$

密度函数为

$$f(x) = \frac{1}{\theta} \mathrm{e}^{-x/\theta}, \ \theta > 0, \ x > 0,$$

并称其为单参数指数分布。而对于分布函数为

$$F(x) = 1 - \mathrm{e}^{-(x-\mu)/\theta}, \ 0 < \mu \leqslant x < +\infty,$$

称为双参数指数分布。

指数分布的以下两个性质充分体现了指数分布的重要性。

性质 6.4.1 $F(x)$为非退化的随机变量X的分布函数，则

$$F(x) = 1 - \mathrm{e}^{-x/\theta} \Longleftrightarrow P\{X > s+t | X > t\} = P\{X > s\}\ (\forall\, s,\ t \geqslant 0)$$

（证明略）。

这个性质称为"永远年轻"或无记忆性，即一总体的寿命还能持续多久与现在无关。

性质 6.4.2 设随机变量Y为单位时间到达某系统的顾客数，X为相继到达顾客的间隔时间，则

$$X服从指数分布 \Longleftrightarrow Y服从Poisson分布$$

（证明略）。

这个性质揭示了指数分布与Poisson分布的密切关系。由于在随机服务系统里，大多数顾客是以Poisson分布方式进入系统的，故指数分布的性质在此也有重要的应用。

指数分布还有其他优良的性质，在此不再一一赘述。对于总体X，以及其i.i.d.样本

$$X_1,\ X_2,\ \cdots,\ X_n,$$

考虑原假设为

$$H_0 : X来自指数总体。$$

对此H_0，当然也可以利用§6.1及§6.2的方法检验，但实证证明，这些普通的方法比起特定的方法要逊色得多（第II类错误要大得多）。现讨论几种针对指数总体的检验方法。

（一）图检验法

当H_0真，且X来自单参数指数分布，有

$$\ln[1 - F(x)] = -\frac{1}{\theta}x,\quad x \geqslant 0。$$

当样本容量较大，有

$$\ln[1 - F(x_i)] = -\frac{1}{\theta}x_i,\quad x_i \geqslant 0。$$

把样本从小到大得到$X_{(1)} \leqslant X_{(2)} \leqslant \cdots \leqslant X_{(n)}$，当然有

$$\ln[1 - F(x_{(i)})] \approx -\frac{1}{\theta}x_{(i)},\quad i = 1,\ 2,\ \cdots,\ n。$$

由

$$F_n[x_{(i)}] \approx \frac{i}{n+1},$$

应有

$$\ln\left[1 - \frac{i}{n+1}\right] \approx -\frac{1}{\theta}x_{(i)},$$

故

$$\left(x_{(i)}, \ -\ln\left(1 - \frac{i}{n+1}\right)\right)$$

应呈直线状，且过原点，可以根据这个性质大致判断H_0是否正确。如果读者已经有了回归分析的基础，可以对X_1，X_2，$\cdots$，X_n先进行排序，并定义为X'，然后由这个排序定义另一个序列

$$Y' = -\ln\left(1 - \frac{i}{n+1}\right),$$

再建立回归模型$X' = \beta_1 Y'$。如果回归直线显著，也可以判断原序列来自指数总体。

同理，如果H_0真且来自双参数总体，有

$$\ln[1 - F(x)] = -\frac{1}{\theta}(x - \mu),$$

同样有

$$\ln\{1 - F[x_{(i)}]\} \approx -\frac{1}{\theta}[x_{(i)} - \mu],$$

从而有

$$\ln\left(1 - \frac{i}{n+1}\right) \approx -\frac{1}{\theta}[x_{(i)} - \mu],$$

即

$$x_{(i)} \approx \mu - \theta\ln\left(1 - \frac{i}{n+1}\right)。$$

对模型$X' = \beta_0 + \beta_1 Y'$进行线性回归，若回归结果显著，大概可以判断原序列来自双参数指数总体。另外，也可以由X'与Y'对应的散点图（横坐标为Y'，纵坐标为X'）是否大致在一条直线上判断这个检验问题。

（二）F检验法

由于图示法比较粗糙，且需要样本容量较大，也不能给出检验的功效，因此，在实际应用中，常采用其他特定的检验方法，以下我们着重介绍F检验法。

如果我们要双参数指数进行检验，需先检验

$$H_0' : \mu = 0, \ H_1' : \mu > 0。$$

可证明在 H_0' 真时,有

$$\frac{nX_{(1)}}{\sum\limits_{i=2}^{n} D_i/(n-1)} \sim F(2,\ 2n-2),$$

其中

$$D_i = (n-i+1)[X_{(i)} - X_{(i-1)}],\ i = 1,\ 2,\ \cdots,\ n,\ X_{(0)} \equiv 0,$$

故检验规则为

$$\begin{cases} X_{(1)} > \frac{1}{n(n-1)} F_\alpha(2,\ 2n-2) \sum\limits_{i=1}^{n} D_i & \text{拒绝} H_0 \\ \text{否则} & \text{接受} H_0 \end{cases}。$$

若接受 H_0',接下来检验

$$H_0 : X \text{服从单参数指数}(\mu = 0)。$$

可以证明,在 H_0 成立下,有

$$F = \frac{\sum\limits_{i=1}^{k} D_i/k}{\sum\limits_{i=k+1}^{n} D_i/(n-k)} \sim F(2k,\ 2n-2k),$$

其中

$$k = \left\lfloor \frac{n}{2} \right\rfloor$$

为 $n/2$ 的整数部分,则检验规则为

$$\begin{cases} F > F_{\alpha/2}(2k,\ 2n-2k) \text{或} F < F_{1-\alpha/2}(2k,\ 2n-2k) & \text{拒绝} H_0 \\ \text{否则} & \text{接受} H_0 \end{cases}。$$

若拒绝 H_0',则可对 $(n-1)$ 个数据 $X_{(2)} - X_{(1)} \leqslant X_{(3)} - X_{(1)} \leqslant \cdots X_{(n)} - X_{(1)}$ 检验是否来自双参数指数分布,若是,则原数据来自双参数指数 ($\hat{\mu} = X_{(1)}$);否则,表明原总体不是指数分布。

例 6.4.1 测量某产品的寿命,样本容量为20:

41.50,32.05,35.15,44.62,38.57,37.88,40.85,45.32,42.26,33.82,

36.08,38.97,36.64,33.57,32.48,34.36,42.90,33.68,38.05,26.84,

可否认为这批数据来自双参数指数分布（$\alpha = 0.05$）？

解：首先，我们先检验

$$H_0' : \mu = 0, \quad H_1' : \mu > 0,$$

此时，$n = 20$，$X_{(1)} = 26.84$，经计算得到

$$\frac{1}{n(n-1)} F_\alpha(2, \ 2n-2) \sum_{i=1}^{n} D_i$$

$$= \frac{1}{19 \times 20} \times 745.59 \times F_{0.05}(2, \ 38) = 6.36659 < X_{(1)},$$

故拒绝H_0'。因而，我们对排序后的数据同时减去$X_{(1)}$再来检验这批数据是否来自双参数指数分布（$\mu = X_{(1)}$）。此时，$n' = 19$，$\lfloor n'/2 \rfloor = 9$，则

$$F = \frac{164.27/9}{44.52/(19-9)} = 4.0998 > F_{0.025}(18, \ 20) = 2.5014,$$

因而不认为该批数据来自指数分布。

§6.5　分布的似然比检验

分布的指数性检验和正态性检验功效要好于皮尔逊χ^2检验及柯尔莫哥洛夫检验是因为：前两种检验是针对具体分布而言的，故针对性强、效果较好；后两者由于强调普遍性而损失了具体分布的特殊信息，从而降低了检验效果。此外，这些检验均未考虑备择假设。从直觉上来说，有考虑备择假设的检验其检验功效要比不考虑备择假设或备择假设过于宽泛要好得多。似然比检验就是考虑备择假设的一种"较好"的检验方法。具体要论如下：

$$H_0 : f(x; \ \theta_1, \ \theta_2) = f_0(x; \ \theta_1, \ \theta_2),$$

$$H_1 : f(x; \ \theta_1, \ \theta_2) = f_1(x; \ \theta_1, \ \theta_2)。$$

对于i.i.d.样本$X_1, \ X_2, \ \cdots, \ X_n$，令似然比

$$\lambda = \frac{\max_{H_1} \prod_{i=1}^{n} f(x_i; \ \theta_1, \ \theta_2)}{\max_{H_0} \prod_{i=1}^{n} f(x_i; \ \theta_1, \ \theta_2)} = \frac{\prod_{i=1}^{n} f_1[x_i; \ \hat{\theta}_1^{(1)}, \ \hat{\theta}_2^{(1)}]}{\prod_{i=1}^{n} f_0[x_i; \ \hat{\theta}_1^{(0)}, \ \hat{\theta}_2^{(0)}]},$$

其中，$\hat{\theta}_1^{(0)}$，$\hat{\theta}_2^{(0)}$为H_0成立时θ_1，θ_2的极大似然估计，$\hat{\theta}_1^{(1)}$，$\hat{\theta}_2^{(1)}$为H_1成立时θ_1，θ_2的极大似然估计，则当λ偏大时，分子偏大，偏向于拒绝H_0而接受H_1；反之，则偏向于不拒绝H_0，故检验规则应为

$$\begin{cases} \lambda > K & \text{拒绝} H_0 \\ \lambda \leqslant K & \text{接受} H_0 \end{cases}, \quad \text{给定显著性水平} \alpha_\circ$$

要确定临界值K，须知道λ的具体抽样分布。这是一件十分困难的事，并没有也不可能有统一的检验标准和一般的结论，只能就具体的原假设和备择假设进行具体的分析。下面就如何区分正态分布及双参数指数分布进行讨论，希望能够起到举一反三的作用。考虑如下检验问题：

$$H_0 : f_0(x;\ \theta_1,\ \theta_2) = \frac{1}{\sqrt{2\pi}\theta_2} \exp\left[-\frac{1}{2\theta_2^2}(x - \theta_1)^2\right],$$

$$H_1 : f_1(x;\ \theta_1,\ \theta_2) = \frac{1}{\theta_2} \exp\left[-\frac{1}{\theta_2}(x - \theta_1)\right]_\circ$$

由于当H_0真时，

$$\hat{\theta}_1 = \overline{X},\ \hat{\theta}_2^2 = \frac{1}{n}\sum_{i=1}^{n}(X_i - \overline{X})^2;$$

当H_1真时，

$$\hat{\theta}_1 = \min_{1 \leqslant i \leqslant n} X_i = X_{(1)},\ \hat{\theta}_2 = \frac{1}{n}\sum_{i=1}^{n}[X_i - X_{(1)}],$$

故

$$\lambda(X_1,\ X_2,\ \cdots,\ X_n) = \left[\frac{2\pi n \sum\limits_{i=1}^{n}(X_i - \overline{X})^2}{\sum\limits_{i=1}^{n}(X_i - X_{(1)})}\right]^n \mathrm{e}^{-n/2} = \sqrt{2\pi}\mathrm{e}^{-n/2}D^n,$$

其中

$$D = \frac{\sqrt{\frac{1}{n}\sum\limits_{i=1}^{n}(X_i - \overline{X})^2}}{\frac{1}{n}\sum\limits_{i=1}^{n}[X_i - X_{(1)}]} = \frac{\sqrt{n\sum\limits_{i=1}^{n}(X_i - \overline{X})^2}}{\sum\limits_{i=1}^{n}[X_i - X_{(1)}]},$$

则

$$\{\lambda > K\} \Longleftrightarrow \{D > K'\}.$$

Antle计算了统计量D的临界值表，并给出了检验功效，见表6.2。

表 6.2 H_0:正态分布，H_1:指数分布的检验临界值表

容量 \ 水平	$\alpha = 0.01$	$\alpha = 0.05$	$\alpha = 0.10$
n	D_α, β	D_α, β	D_α, β
10	1.01, 0.61	0.87, 0.35	0.80, 0.23
15	0.88, 0.35	0.77, 0.14	0.72, 0.07
20	0.80, 0.14	0.71, 0.04	0.67, 0.02
25	0.76, 0.06	0.68, 0.01	0.64, 0.01
30	0.72, 0.02	0.65, 0.00	0.61, 0.00

表6.2可以这样得到：产生容量为10的正态随机数，计算一个相应的D值；做相同的工作10000 次，可以得到10000 个D值，从小到大重新排列，则$D_{10,\,0.01}$为第9900个值，$D_{10,\,0.05}$为第9500 个值，$D_{10,\,0.10}$为第9000个值。同样对$n = 15$容量的随机数重复以上工作，可以得到$D_{15,\,\alpha}$。表中的β则是反过来产生双参数指数分布的随机数，计算D值，结果根据上述的$D_{n,\,\alpha}$被接受为H_0 的比例（即接伪）。

例 6.5.1 从$n = 30$的样本中计算得

$$X_{(1)} = 15, \quad \frac{1}{30}\sum_{i=1}^{30}[X_i - X_{(1)}] = 10, \quad \frac{1}{30}\sum_{i=1}^{30} X_i = 25, \quad \frac{1}{30}\sum_{i=1}^{30}(X_i - \overline{X})^2 = 5,$$

问这批数据是来自正态分布还是双参数指数分布（$\alpha = 0.05$）？

解：要检验的问题是

$$H_0 : \text{数据来自正态总体}, \quad H_1 : \text{数据来自双参数指数分布}。$$

因为

$$D = \frac{\sqrt{5}}{10} = 0.2236 < 0.65 = D_{30,\,0.05},$$

故接受H_0，认为该批数据来自正态总体。

有人曾经在$n = 20$的情况下，对区分正态总体分布和双参数指数分布的检验（取$\alpha = 0.05$），分别利用χ^2检验、柯尔莫哥洛夫检验和似然比检验，得到的结果见表6.3。可见似然比检验的效果极好。当然似然比的局限性也很明显，如应用范围较χ^2检验及柯氏检验窄。

表 6.3 3种检验结果

检验方法	第II类错误β
皮尔逊χ^2检验	0.81
柯尔莫哥洛夫检验	0.39
似然比检验	0.04

思考练习题

1. 从一个总体X中抽取样本容量为100的i.i.d.样本，经计算得

$$\sum_{i=1}^{100} X_i = 1000, \quad \sum_{i=1}^{100} X_i^2 = 15000, \quad \sum_{i=1}^{100} X_i^3 = 2000, \quad \sum_{i=1}^{100} X_i^4 = 20000,$$

对于第I类错误$\alpha = 0.05$，可否认为总体为正态分布？

2. 分别从两个独立的总体中抽取$m = n = 80$的i.i.d.样本

$$X_1, \cdots, X_m; \ Y_1, \ Y_2, \cdots, \ Y_n。$$

令$F_m(x)$及$G_n(y)$分别为两样本对应的经验分布函数，经计算得

$$\max_{-\infty < x < +\infty} |F_m(x) - G_n(x)| = 1.5,$$

可否认为两总体没有显著性差异？

3. 从离散型随机变量X中抽取的$n = 30$的i.i.d. 样本，结果整理如下：

取值	1	2	3	4	$\geqslant 5$
次数	3	6	7	8	6

可否认为该随机变量服从Poisson分布（$\alpha = 0.05$）？

4. 从总体X中抽取$n = 25$的样本，经整理如下：

$$X_{(1)} = 5, \quad \sum_{i=1}^{25} X_i = 250,$$

对于检验问题

$$H_0: X来自正态分布, \quad H_1: X来自双参数指数分布,$$

请给出检验的结果（$\alpha = 0.05$）？

5. 从总体X中抽取$n = 25$的样本，然后对样本从小到大排序得到结果如下：

0.5　0.8　1.0　1.3　1.6　1.7　2.5　2.8　3.0　3.5　4.1　5.5　5.7

5.8　6.0　6.5　6.6　7.2　7.3　7.5　8.0　8.2　8.4　8.6　9.0

可否认为该总体为指数分布（$\alpha = 0.05$）？

第7章 非参数统计初步

在前几章的统计推断中，所做的工作要么是总体分布类型已知而对参数进行估计及检验，要么是对总体分布类型进行拟合检验；但在实际应用中，有可能碰到总体分布类型无法确定的情形，即在已知分布类型中无法找到与样本匹配的分布类型，如果硬性地以一个已知分布类型进行拟合将出现较大偏差；我们有时候并不一定要知道总体分布类型，只需要了解总体的某些特性（如考察吸烟程度与某种疾病的关系、某心理特征与某种疾病的关系、不同科目成绩之间的关系等）。这种摆脱总体具体分布类型的统计方法称为非参数统计方法。由于摆脱分布约束，此类方法一般常基于顺序统计量或大样本情形来分析。

§7.1 秩统计量方法

对于总体 X 及其 i.i.d. 样本 X_1, X_2, $\cdots$, X_n, 重新从小到大排序样本得到

$$X_{(1)} \leqslant X_{(2)} \leqslant \cdots \leqslant X_{(n)},$$

称为秩统计量或顺序统计量。

(1)设有二维随机变量 (X, Y) 及样本 (X_1, Y_1), (X_2, Y_2), $\cdots$, (X_n, Y_n), 现采用非参数方法做如下检验问题：

$H_0 : X$ 与 Y 不存在相关关系, $H_1 : X$ 与 Y 有相关关系。

首先类似于相关系数给出 X 与 Y 的秩相关系数（称为 Spearman 秩相关系数）：

$$r_{XY} = 1 - \frac{6 \sum\limits_{i=1}^{n} d_i^2}{n(n^2 - 1)},$$

其中

$$d_i = \text{Rank}(X_i) - \text{Rank}(Y_i), \ i = 1, 2, \cdots, n,$$

且Rank(X_i)为X_i在X_1，X_2，$\cdots$，X_n中的秩（排位），记为R_{1i}，Rank(Y_i)类似记为R_{2i}（这里假定观测值无重复观测量，即R_{1i}全不相等，R_{2i}也全不相等）。显然

$$\frac{1}{n}\sum_{i=1}^{n}R_{1i} = \frac{1}{n}\cdot\frac{1}{2}n(n+1) = \frac{1}{2}(n+1),$$

$$\frac{1}{n}\sum_{i=1}^{n}R_{2i} = \frac{1}{2}(n+1)。$$

令

$$\frac{\sum\limits_{i=1}^{n}\left\{\left[R_{1i}-\frac{1}{2}(n+1)\right]\left[R_{2i}-\frac{1}{2}(n+1)\right]\right\}}{\sqrt{\sum\limits_{i=1}^{n}\left[R_{1i}-\frac{1}{2}(n+1)\right]^2}\sqrt{\sum\limits_{i=1}^{n}\left[R_{2i}-\frac{1}{2}(n+1)\right]^2}} = \frac{A}{B},$$

则

$$A = \sum_{i=1}^{n}(R_{1i}R_{2i}) - \frac{1}{2}(n+1)\cdot\frac{1}{2}n(n+1)\cdot 2 + \frac{1}{4}(n+1)^2 n。$$

应用

$$\sum_{i=1}^{n}(R_{1i}-R_{2i})^2 = \sum_{i=1}^{n}R_{1i}^2 - 2\sum_{i=1}^{n}R_{1i}R_{2i} + \sum_{i=1}^{n}R_{2i}^2$$

及

$$\sum_{i=1}^{n}R_{1i}^2 = \sum_{i=1}^{n}R_{2i}^2 = \sum_{i=1}^{n}i^2 = \frac{1}{6}n(n+1)(2n+1),$$

可得

$$A = \frac{1}{12}n(n^2-1) - \frac{1}{2}\sum_{i=1}^{n}(R_{1i}-R_{2i})^2。$$

又

$$\sum_{i=1}^{n}\left[R_{1i}-\frac{1}{2}(n+1)\right]^2 = \sum_{i=1}^{n}R_{1i}^2 - (n+1)\sum_{i=1}^{n}R_{1i} + \frac{1}{4}n(n+1)^2$$

$$= \frac{1}{6}n(n+1)(2n+1) - (n+1)\cdot\frac{1}{2}n(n+1) + \frac{1}{4}n(n+1)^2$$

$$= \frac{n}{12}(n^2-1),$$

故

$$\frac{A}{B} = 1 - \frac{6\sum\limits_{i=1}^{n}(R_{1i}-R_{2i})^2}{n(n^2-1)}$$

即为r_{XY}。

根据r_{XY}分布的性质，人们构造了Spearman秩相关系数的临界值表（见附13）。该表列示了临界值$c_\alpha(n)$使得

$$P\{|r_{XY}| > c_\alpha(n)\} = \alpha,$$

即Spearman秩相关系数的绝对值的上临界值，可以用来检验两总体的相关性：

$$\begin{cases} |r_{XY}| > c_\alpha(n) & \text{拒绝原假设} \\ \text{否则} & \text{接受原假设} \end{cases}。$$

事实上，当n较大时，且原假设H_0成立，可以证明：

$$t = \frac{r_{XY}\sqrt{n-2}}{\sqrt{1-r_{XY}^2}} \sim t(n-2)。$$

由于t统计量是r_{XY}的单调递增函数，因此检验规则可以简化成如下形式：

$$\begin{cases} |r_{XY}| > r_\alpha(n-2) & \text{拒绝原假设} \\ \text{否则} & \text{接受原假设} \end{cases},$$

其中

$$r_\alpha(n-2) = \sqrt{\frac{t_{\alpha/2}^2(n-2)}{n-2+t_{\alpha/2}^2(n-2)}}。$$

上述方法称为秩相关检验法。

例 7.1.1 从总体$(X，Y)$中抽取15个样本

$$(68，72) \quad (70，65) \quad (96，85) \quad (56，73) \quad (72，63)$$
$$(69，71) \quad (83，82) \quad (80，80) \quad (85，75) \quad (60，86)$$
$$(90，81) \quad (62，70) \quad (64，60) \quad (50，55) \quad (78，84)$$

试检验（$\alpha = 0.05$）

$$H_0 : \rho_{XY} = 0?$$

解： 对于检验问题

$$H_0 : \rho_{XY} = 0, \ H_0 : \rho_{XY} \neq 0,$$

其检验统计量为r_{XY}，计算步骤见表7.1。

表 7.1　例7.1.1计算步骤

X_i	68	70	96	56	72	69	83	80	85	60	90	62	64	50	78
R_{1i}	6	8	15	2	9	7	12	11	13	3	14	4	5	1	10
Y_i	72	65	85	73	63	71	82	80	75	86	81	70	60	55	84
R_{2i}	7	4	14	8	3	6	12	10	9	15	11	5	2	1	13
d_i	−1	4	1	−6	6	1	0	1	4	−12	3	−1	3	0	−3

故

$$\sum_{i=1}^{15} d_i^2 = 1 + 16 + 1 + \cdots + 0 + 9 = 280,$$

$$r_{XY} = 1 - \frac{6 \times 280}{15 \times 224} = 1 - \frac{1680}{3360} = 0.5,$$

查附13得，当$n = 15$时，$c_\alpha = 0.521 > r_{XY}$，故接受$H_0$，认为$X$与$Y$相关关系不显著。

例 7.1.2 某校随机抽取30名学生的语文和数学这两门课程的期末考试成绩，结果见表7.2。试检验该校学生语文和数学期末考试成绩是否不相关（$\alpha = 0.05$）?

表 7.2　语文和数学期末考试成绩

语文	99	89	100	93	80	90	65	83	87	95
数学	88	83	60	90	43	50	100	99	96	79
语文	76	85	94	88	98	68	91	78	73	84
数学	86	75	97	68	76	62	67	34	80	87
语文	53	82	72	75	63	96	81	58	92	62
数学	70	66	78	77	89	98	84	39	58	37

解：设语文和数学这两门课程的期末考试成绩分别为X和Y，对于检验问题

$$H_0 : \rho_{XY} = 0, \ H_0 : \rho_{XY} \neq 0,$$

其检验统计量为r_{XY}，计算步骤见表7.3。

表 7.3　例7.1.2计算步骤

R_{1i}	29	20	30	24	12	21	5	15	18	26
R_{2i}	23	19	7	25	4	5	30	29	26	17
d_i	6	1	23	-1	8	16	-25	-14	-8	9
R_{1i}	10	17	25	19	28	6	22	11	8	16
R_{2i}	21	13	27	11	14	8	10	1	18	22
d_i	-11	4	-2	8	14	-2	12	10	-10	-6
R_{1i}	1	14	7	9	4	27	13	2	23	3
R_{2i}	12	9	16	15	24	28	20	3	6	2
d_i	-11	5	-9	-6	-20	-1	-7	-1	17	1

故

$$\sum_{i=1}^{30} d_i^2 = 3642,$$

$$r_{XY} = 1 - \frac{6 \times 3642}{30 \times (30^2 - 1)} = 0.1898,$$

查附13得，当$n = 30$时，$c_\alpha = 0.362 > r_{XY}$，故接受$H_0$，认为$X$与$Y$相关关系不显著。

实际上，由于样本个数较大（$\geqslant 30$），我们可以采用r_{XY}的渐近分布来进行检验。经计算可知

$$r_\alpha(28) = \sqrt{\frac{t_{0.025}^2(28)}{28 + t_{0.025}^2(28)}} = 0.361 > r_{XY},$$

因此，接受H_0，认为X与Y相关关系不显著，结果同查精确的临界值表相一致。

(2)设$X \sim F(x)$(未知)，X_1，X_2，$\cdots$，X_m为i.i.d.样本；$Y \sim G(y)$（未知），Y_1，Y_2，$\cdots$，Y_n为i.i.d.样本。

对于原假设

$$H_0 : F = G,$$

如何确定检验规则？我们把$m + n$个观测值从小到大混合排序，记R_1为总体X中m个观测值的秩和，则有

$$\frac{1}{2}m(m + 1) \leqslant R_1 \leqslant \frac{1}{2}m(n + 1 + m + n) = \frac{1}{2}m(m + 2n + 1)。$$

同理记R_2为总体Y的n个观测值的秩和，有

$$\frac{1}{2}n(n+1) \leqslant R_2 \leqslant \frac{1}{2}n(m+1+m+n) = \frac{1}{2}n(n+2m+1)。$$

如果随机变量X偏小，则R_1应该偏小，反之则偏大；当H_0成立时，则R_1的值应该既不太大也不太小，以$m = 3$，$n = 4$为例，则X的样本观测值秩的排列情况见表7.4。

表 7.4 X的样本观测值秩的排列情况

秩排列	R_1	秩排列	R_1	秩排列	R_1	秩排列	R_1	秩排列	R_1
123	6	136	10	167	14	247	13	356	14
124	7	137	11	234	9	256	13	357	15
125	8	145	10	235	10	257	14	367	16
126	9	146	11	236	11	267	15	456	15
127	10	147	12	237	12	345	12	457	16
134	8	156	12	245	11	346	13	467	17
135	9	157	13	246	12	347	14	567	18

故R_1的分布律可用表7.5表示。

表 7.5 R_1的分布律

R_1	6	7	8	9	10	11	12	13	14	15	16	17	18
$P\{R_1 = r_1\}$	$\frac{1}{35}$	$\frac{1}{35}$	$\frac{2}{35}$	$\frac{3}{35}$	$\frac{4}{35}$	$\frac{4}{35}$	$\frac{5}{35}$	$\frac{4}{35}$	$\frac{4}{35}$	$\frac{3}{35}$	$\frac{2}{35}$	$\frac{1}{35}$	$\frac{1}{35}$
$P\{R_1 \leqslant r_1\}$	$\frac{1}{35}$	$\frac{2}{35}$	$\frac{4}{35}$	$\frac{7}{35}$	$\frac{11}{35}$	$\frac{15}{35}$	$\frac{20}{35}$	$\frac{24}{35}$	$\frac{28}{35}$	$\frac{31}{35}$	$\frac{33}{35}$	$\frac{34}{35}$	1

当II_0成立时，由于R_1不能太大也不能太小，令

$$A = \{R_1 \leqslant 7 \text{或} R_1 \geqslant 17\},$$

其发生的概率为4/35，如果取$\alpha = 0.114$，则$P(A) \approx 0.114$为小概率事件，且A有利于备择假设（$F \neq G$）的发生，故检验规则为

$$\begin{cases} A \text{发生} & \text{拒绝} H_0 \\ \overline{A} \text{发生} & \text{接受} H_0 \end{cases}。$$

如果取 $\alpha = 2/35$，则令 $A_1 = \{R_1 \leqslant 6 \text{或} R_1 \geqslant 18\} = \{R_1 = 6 \text{或} R_1 = 18\}$，则检验规则为

$$\begin{cases} A_1 \text{发生} & \text{拒绝} H_0 \\ \text{否则} & \text{接受} H_0 \end{cases}。$$

上述方法称为秩和检验法，对于一般的 m，n 可以查附14得到相应的临界值点，其理论基础与 $m = 3$，$n = 4$ 类似。由于秩和的分布为离散的，故 α 的取值不能像连续型那样一定取 $\alpha = 0.01$ 或 0.05 或 0.10，只能就比较最近的 α 取适当的秩和临界值。

例 7.1.3 甲、乙两人分析某物质中某成分的含量，得到如下数据：

$$\begin{array}{llllll} \text{甲：} & 10.2 & 9.8 & 8.9 & 11.0 \\ \text{乙：} & 12.0 & 9.5 & 8.8 & 11.2 & 11.5 \end{array}$$

问：两人分析结果有无显著性差异？

解：把两组数据混合排序得到

$8.8(1，乙)$　　$8.9(2，甲)$　　$9.5(3，乙)$　　$9.8(4，甲)$　　$10.2(5，甲)$

$11.0(6，甲)$　　$11.2(7，乙)$　　$11.5(8，乙)$　　$12.0(9，乙)$

故第一组样本的秩和为

$$R_1 = 2 + 4 + 5 + 6 = 17,$$

查附14中的 $(4，5)$，在 $\alpha = 0.112 (= 0.056 \times 2)$ 下，临界值为13，27，即 $A = \{R_1 \leqslant 13 \text{或} R_1 \geqslant 27\}$ 为拒绝域。由于 $R_1 = 17$，故接受 H_0。

对于上例，如果要做单边检验，则在 $\alpha = 0.056$ 下，

$$H_0 : F(X) \geqslant G(X),$$

检验规则的拒绝域为 $\{R_1 \leqslant 13\}$。

另外，附14的 m，n 取值只到10，但当 m，$n > 10$，且 m 和 n 均为整数（即混合在一起的 X 和 Y 并不存在重复取值的情况）时，可以证明，在 H_0 成立的条件下，

$$R_1 \overset{\cdot}{\sim} N(\mu，\sigma^2),$$

其中

$$\mu = \frac{m}{2}(m + n + 1)，\quad \sigma^2 = \frac{mn}{12}(m + n + 1),$$

并可以据此进行假设检验。对于双边检验其拒绝域为

$$\left\{ \left| \frac{R_1 - \mu}{\sigma} \right| \geqslant z_{\alpha/2} \right\},$$

单边检验的结果类似前面的讨论。

此外，在实际应用中，会出现混合在一起的X和Y的观测值存在相等的情况，这时观测值的秩即为所对应顺序统计量的足标的平均值。这时，当H_0为真时，秩和R_1的期望仍然不变，但其方差有所改变。设出现秩相同的组数为k，每个组所对应的数有t_i个（其中$i = 1, 2, \cdots, k$），记$N = m + n$，则方差修正为

$$\sigma^2 = \frac{mn\left[N(N^2-1) - \sum\limits_{i=1}^{k} t_i(t_i^2-1)\right]}{12N(N-1)}。$$

当k不大时，仍可以采用附14查找对应的临界值，但此时的临界值是近似值。而当$m, n > 10$，H_0成立，且k不大时，基于修正后的方差，有

$$R_1 \sim N(\mu, \sigma^2)。$$

类似前面的讨论，可以基于这一近似分布进行假设检验。

例 7.1.4 两种水稻品种分别在12块地里试验，得到24块地水稻产量的数据（略）。经观测后，属于品种A的秩和为

$$5+7+8+9+10.5+16+17+19+20+21.5+23+24 = 180,$$

在上式中，由于重新排列后的第10个及第11个观测值相等，故取10及11的平均值，即10.5其对应的秩，其他多个并列可以类推。假定在秩和中，除了秩为小数的情况外，其余秩均为不存在重复观测值的情况，则观察秩的取值可得到$k = 2$，$t_1 = 2$，$t_2 = 2$，从而

$$\mu = \frac{12}{2} \times 25 = 150,$$

$$\sigma^2 = \frac{12 \times 12 \times [24 \times (24^2-1) - 2 \times 2 \times (2^2-1)]}{12 \times 24 \times (24-1)} = 299.7391,$$

有

$$\frac{R_1 - \mu}{\sigma} = \frac{180 - 150}{\sqrt{299.7391}} \approx 1.7328 < z_{0.025} = 1.96,$$

故在$\alpha = 0.05$下，认为两个品种产量无显著差异。

应该说明的是，由于非参数方法摆脱具体分布的约束，检验功效可能偏低，故如果非参数方法检验显著，可以不必采用其他方法；反之，如果非参数方法检验不显著，用其他方法得到的结果可能会不一样。然而，在大样本情形下，秩和检验与其他方法比较并不逊色。

§7.2 列联表分析

在实际应用中，常需要对同一总体进行"交叉分析"，例如要分析患肺病与吸烟习惯的关系、购车者颜色偏好与性别或年龄的关系、贷款违约情况与学历或性别之间的关系。概括地讲，对一个研究总体，按特定的指标（属性）将其进行分类，如，设总体按属性A分为r个类A_1，A_2，$\cdots$，A_r，按属性B分为s类B_1，B_2，$\cdots$，B_s，可以把观测结果进行综合（见表7.6），而这个表称为列联表，其中n_{ij}为同属于A_i和B_j的观测数，且

$$n_{1\cdot} = \sum_{i=1}^{s} n_{1i}, \ n_{2\cdot} = \sum_{i=1}^{s} n_{2i}, \ \cdots, \ n_{r\cdot} = \sum_{i=1}^{s} n_{ri},$$

$$n_{\cdot 1} = \sum_{j=1}^{r} n_{j1}, \ n_{\cdot 2} = \sum_{j=1}^{r} n_{j2}, \ \cdots, \ n_{\cdot s} = \sum_{j=1}^{r} n_{js \circ}$$

表 7.6 列联表

属性A ＼ 属性B	1	2	$\cdots$	s	总计
1	n_{11}	n_{12}	$\cdots$	n_{1s}	$n_{1\cdot}$
2	n_{21}	n_{22}	$\cdots$	n_{2s}	$n_{2\cdot}$
$\vdots$	$\vdots$	$\vdots$		$\vdots$	$\vdots$
r	n_{r1}	n_{r2}	$\cdots$	n_{rs}	$n_{r\cdot}$
总计	$n_{\cdot 1}$	$n_{\cdot 2}$	$\cdots$	$n_{\cdot s}$	n

现考虑属性A与属性B是否独立这一问题，实际上意味着考虑检验问题

$$H_0 : P_{ij} = P_{i\cdot} \times P_{\cdot j},$$

其中$P_{i\cdot}$和$P_{\cdot j}$分别表示个体属于A_i和B_j的概率，P_{ij}为个体同时属于A_i和B_j的概率。

在H_0成立下，A_i和B_j同时发生的理论频数为

$$nP_{ij} = nP_{i\cdot} \times P_{\cdot j},$$

而n_{ij}为其实际频数。以

$$\hat{P}_{i\cdot} = n_{i\cdot}/n$$

及

$$\hat{P}_{.j} = n_{.j}/n$$

替代$P_{i.}$及$P_{.j}$，则理论频数的估计值为

$$n \times \frac{n_{i.}}{n} \times \frac{n_{.j}}{n} = \frac{1}{n} \times n_{i.} \times n_{.j}。$$

可以证明，当n较大时，有

$$\chi^2 = \sum_{i=1}^{r} \sum_{j=1}^{s} \left(n_{ij} - \frac{n_{i.} \times n_{.j}}{n} \right)^2 \Big/ \left(\frac{n_{i.} \times n_{.j}}{n} \right) \sim \chi^2[(r-1)(s-1)]。$$

事实上，列联表分析是含有未知参数的皮尔逊卡方检验的特例；又由于未知参数有$r+s$个，但受

$$\sum_{i=1}^{r} P_{i.} = 1, \quad \sum_{j=1}^{s} P_{.j} = 1,$$

这两个约束条件的限制，实际仅有$(r-1)+(s-1)=r+s-2$个未知参数需要估计，故此时的自由度为$rs-1-(r+s-2)=(r-1)(s-1)$。于是，检验规则为

$$\begin{cases} \chi^2 > \chi_\alpha^2[(r-1)(s-1)] & \text{拒绝} H_0 \\ \text{否则} & \text{接受} H_0 \end{cases}。$$

此检验方法称为列联表分析（但χ^2值的大小并没有反映出因素A和B的实际相关程度）。

例 7.2.1 某地区某年12个月出生的婴儿数据见表7.7，可否认为婴儿的性别的出生率在每个月是不一样的（$\alpha = 0.05$）？

解：如果每个月婴儿的性别的出生率都不尽一样，则说明婴儿的性别的出生率与月度是相关的（或不独立），故采用原假设

$$H_0 : \text{婴儿的性别的出生率与月度独立}。$$

如果接受H_0，则认为婴儿的性别的出生率与月份无关。经计算得到$\chi^2 = 14.986$，自由度为$(r-1)(s-1) = 11$。由于

$$\chi_{0.05}^2(11) = 19.675 > \chi^2,$$

故接受原假设，认为婴儿的性别的出生率与月份无关。

表 7.7 例7.2.1数据

月份	男	女	合计
1	3743	3537	7280
2	3550	3407	6957
3	4017	3866	7883
4	4173	3711	7884
5	4117	3775	7892
6	3944	3665	7609
7	3964	3621	7585
8	3797	3596	7393
9	3712	3491	7203
10	3512	3391	6903
11	3392	3160	6552
12	3761	3371	7132
合计	45682	42591	88273

例 7.2.2 某汽车贸易公司某年度销售某种型号的小轿车500 辆，共有6种颜色（黑、咖啡、白、红、黄、蓝），汽车购买者的性别和所购买汽车的颜色数据整理见表7.8。问：性别与购买汽车颜色有显著的关系吗（$\alpha = 0.05$）？

解：要检验的问题是

$$H_0: 性别与购买汽车的颜色独立。$$

由于

$$\chi^2 = \left(82 - \frac{280 \times 120}{500}\right)^2 \bigg/ \frac{280 \times 120}{500} + \left(63 - \frac{280 \times 113}{500}\right)^2 \bigg/ \frac{280 \times 113}{500} +$$

$$\left(38 - \frac{280 \times 78}{500}\right)^2 \bigg/ \frac{280 \times 78}{500} + \cdots + \left(38 - \frac{220 \times 120}{500}\right)^2 \bigg/ \frac{220 \times 120}{500} +$$

$$\left(50 - \frac{220 \times 113}{500}\right)^2 \bigg/ \frac{220 \times 113}{500} + \cdots + \left(27 - \frac{220 \times 74}{500}\right)^2 \bigg/ \frac{220 \times 74}{500}$$

$$= 22.47914,$$

且自由度$(r-1)(s-1) = 5$。又

$$\chi^2_{0.05}(5) = 11.0705 < \chi^2,$$

则认为性别与购买汽车颜色有关系。

表 7.8　例7.2.2数据

颜色	黑	咖啡	白	红	黄	蓝	合计
男	82	63	38	25	25	47	280
女	38	50	40	45	20	27	220
合计	120	113	78	70	45	74	500

§7.3　符号检验

在经济统计学中，总体的分位数（如中位数、四分位数）是一类重要的指标。

定义 7.3.1 对于给定随机变量X及分布函数$F(x)$，令

$$\xi_\alpha = \inf\{x | F(x) \geqslant \alpha\} \ (0 < \alpha < 1),$$

则ξ_α为随机变量X的α分位数。

根据定义，当$F(x)$为连续函数时，ξ_α即为满足$F(x) = \alpha$的解，故有

$$P\{X \leqslant \xi_\alpha\} = \alpha。$$

更进一步地，当$F(x)$可导，其密度函数为$f(x)$时，有

$$\int_{-\infty}^{\xi_\alpha} f(x)\mathrm{d}x = \alpha,$$

即ξ_α对应于密度函数在$(-\infty, \xi_\alpha)$所覆盖的面积为α，这也是α分位数的由来。

特别地，当$\alpha = 1/2$时，则$\xi_{1/2}$满足

$$F(\xi_{1/2}) = \frac{1}{2},$$

该式大体可以理解为随机变量超过$\xi_{1/2}$及不超过$\xi_{1/2}$的可能性均为1/2，故通常也称$\xi_{1/2}$为中位数。在社会统计学中，经常利用中位数的位置来判定总体的数字特征，它与数学期望略为不同。前者是指最中间的位置，后者则是平均值的位置，两者有

时候很接近，有时候却相差较大。在前面章节讨论过，一般以样本均值去估计总体均值，同样道理，我们习惯以样本的中位数去估计总体的中位数，即

$$\hat{\xi}_{1/2} = \begin{cases} x_{\left(\frac{n+1}{2}\right)} & n\text{为奇数} \\ \left[x_{\left(\frac{n}{2}\right)} + x_{\left(\frac{n+2}{2}\right)}\right]/2 & n\text{为偶数} \end{cases},$$

其中$x_{(i)}$为顺序统计量，n为样本容量。当$\alpha = 1/4$，称$\xi_{1/4}$为四分位数，在经济统计学中常用到这一数字特征，如在衡量收入程度差异时，便以$\xi_{1/4}$作为收入在最底层25%的收入水平。类似于未知参数的检验问题，总体的分位数检验问题也是一个不可忽视的环节。

设$X \sim F(x)$，X_1，X_2，$\cdots$，X_n为总体中抽取的i.i.d.样本。

（一）中位数检验

考虑双边检验：

$$H_0 : \xi_{1/2} = \mu_0, \quad H_1 : \xi_{1/2} \neq \mu_0,$$

其中μ_0为给定的常数。

令

$$Z_i = \begin{cases} 1 & X_i \geqslant \mu_0 \\ -1 & X_i < \mu_0 \end{cases},$$

则Z_i为统计量且

$$P\{Z_i = 1\} = 1 - F(\mu_0), \quad P\{Z_i = -1\} = F(\mu_0)。$$

当H_0真时，有

$$P\{Z_i = 1\} = P\{Z_i = -1\} = \frac{1}{2};$$

令

$$N = \sum_{i=1}^{n} \frac{1 - Z_i}{2},$$

则N表示样本观测值中小于μ_0的个数，$n - N$表示样本观测值中大于或等于μ_0的个数，故N服从贝努利分布$b(n, \frac{1}{2})$，记

$$P_k = P\{N = k\} = C_n^k \left(\frac{1}{2}\right)^n, \quad k = 0, 1, 2, \cdots, n,$$

选择r_1，r_2，使

$$\sum_{k=0}^{r_1} P_k \leqslant \alpha/2 < \sum_{k=0}^{r_1+1} P_k, \quad \sum_{k=r_2}^{n} P_k \leqslant \alpha/2 < \sum_{k=r_2-1}^{n} P_k,$$

则有

$$P\{r_1 < N < r_2\} \geqslant 1 - \alpha。$$

令

$$A = \{N \leqslant r_1 或 N \geqslant r_2\},$$

则有 $P(A) \leqslant \alpha$，且当 A 发生时，要么 N 偏小，要么 N 偏大，均不利于 H_0（N 的个数不能太大也不能太小），而有利于 H_1，故 A 为拒绝域。我们把这种检验称为符号检验。

例 7.3.1 在例6.1.1中，可否认为中位数为70（$\alpha = 0.05$）？

解：把60个数分别减去70得到：有 $N = 19$ 个数小于0，有 $n - N = 41$ 个数大于或等于0。又由 $n = 60$ 可计算得到 $r_1 = 21$，$r_2 = 39$，则该符号检验的拒绝域为

$$A = \{N \leqslant 21 或 N \geqslant 39\}。$$

由于 $N = 19$ 落入拒绝域中，因而我们拒绝原假设，不认为该批数据的中位数为70。

对于右边检验：

$$H_0' : \xi_{1/2} \leqslant \mu_0, \ H_1' : \xi_{1/2} > \mu_0,$$

其检验规则为

$$\begin{cases} N \leqslant r_0 & 拒绝 H_0' \\ 否则 & 接受 H_0' \end{cases},$$

其中 r_0 满足

$$\sum_{k=0}^{r_0} P_k \leqslant \alpha < \sum_{k=0}^{r_0+1} P_k。$$

因为当 $\{N \leqslant r_0\}$ 发生，意味着 N 偏小，即小于 μ_0 的观测值偏少，故中位数应该在 μ_0 之上，即有利于备择假设的发生。此外，显然有 $P\{N \leqslant r_0\} \leqslant \alpha$，故 $\{N \leqslant r_0\}$ 为小概率事件。

同理，左边检验：

$$H_0'' : \xi_{1/2} \geqslant \mu_0, \ H_1'' : \xi_{1/2} < \mu_0$$

的检验规则为

$$\begin{cases} N \geqslant r_0 & 拒绝 H_0'' \\ 否则 & 接受 H_0'' \end{cases},$$

其中 r_0 满足

$$\sum_{k=r_0}^{n} P_k \leqslant \alpha < \sum_{k=r_0-1}^{n} P_k。$$

（二）四分位数检验

考虑检验问题

$$H_0: \xi_{1/4} = \mu_0, \quad H_1: \xi_{1/4} \neq \mu_0。$$

令

$$Y_i = \begin{cases} 1 & Y_i \geqslant \mu_0 \\ -1 & Y_i < \mu_0 \end{cases},$$

则 Y_i 为统计量。当 H_0 成立时，有

$$P\{Y_i = 1\} = \frac{3}{4}, \quad P\{Y_i = -1\} = \frac{1}{4}。$$

令

$$M = \sum_{i=1}^{n} \frac{1-Y_i}{2},$$

则 M 为样本观测值中小于 μ_0 的个数，且

$$M \sim b(n, \ 1/4)。$$

记

$$P_k = C_n^k \left(\frac{1}{4}\right)^k \left(\frac{3}{4}\right)^{n-k}, \quad k = 0, \ 1, \ \cdots, \ n,$$

选择 r_1，r_2，使

$$\sum_{k=0}^{r_1} P_k \leqslant \alpha/2 < \sum_{k=0}^{r_1+1} P_k, \quad \sum_{k=r_2}^{n} P_k \leqslant \alpha/2 < \sum_{k=r_2}^{n} P_k, \quad (0 < \alpha < 1),$$

则检验规则为

$$\begin{cases} M \leqslant r_1 \text{或} M \geqslant r_2 & \text{拒绝} H_0 \\ \text{否则} & \text{接受} H_0 \end{cases}。$$

同理可以给出单边检验的规则，限于篇幅，读者可自行推导。

例 7.3.2 在例6.1.1中，可否认为$\xi_{1/4} = 65$（$\alpha = 0.05$）？

解：把60个数分别减去65得到：有$M = 11$个数小于0，有$n - M = 49$个数大于或等于0。又由$n = 60$可计算得到$r_1 = 8$，$r_2 = 23$，则该符号检验的拒绝域为

$$A = \{M \leqslant 8\text{或}M \geqslant 23\}.$$

由于$8 < M < 23$，我们无法拒绝原假设，因而认为$\xi_{1/4} = 65$。

§7.4 游程检验

分别从总体X与Y中抽取m个和n个的独立子样，得到

$$X_1,\ X_2,\ \cdots,\ X_m;\ Y_1,\ Y_2,\ \cdots,\ Y_n。$$

将两组样本进行合并，按从小到大顺序排列得到$Z_1,\ Z_2,\ \cdots,\ Z_{m+n}$。令

$$U_i = \begin{cases} 0 & \text{若}Z_i\text{来自}X \\ 1 & \text{若}Z_i\text{来自}Y \end{cases},\ i = 1,\ 2,\ \cdots,\ m+n,$$

则我们得到一个由0和1组成的序列$u_1,\ u_2,\ \cdots,\ u_{m+n}$。在这个序列中，连续几个相同的数称为一个游程，一个游程数的个数称为游程的长度，游程的个数称为总游程数。

例 7.4.1 序列

$$\underline{00}\ \underline{1}\ \underline{0}\ \underline{1}\ \underline{000}\ \underline{111}\ \underline{00}\ \underline{1}\ \underline{0}$$

的总游程数为9（可用下杠标记一个游程），其中第一个游程为00，第五个游程为000，第六个游程为111，这3个游程的长度分别为2，3，3，而第二、三、四游程的长度只有1。

例 7.4.2 序列

$$\underline{1}\ \underline{000}\ \underline{1111}\ \underline{00}\ \underline{1}\ \underline{000}\ \underline{11}$$

的总游程数为7。

从X和Y中抽取的样本，要对原假设检验

$$H_0 : F = G$$

进行检验规则的确定（其中，F和G分别为X和Y的分布）。显然u_1, u_2, $\cdots$, u_{m+n}中游程的最小值为2，即

$$11\cdots100\cdots0$$

或

$$00\cdots011\cdots1。$$

第一种极端的情形代表Y观测值全在左边，小于所有的X观测值，故显然不能接受原假设（即Y偏小）；第二种情形则说明X偏小，也不能接受原假设。同理，游程的最大值为

$$2\min(m,\ n)+1\quad(m\neq n)，$$

此时序列中的0和1交替出现为

$$010101\cdots0$$

或

$$10101\cdots01。$$

例如$m=3$, $n=4$，游程最大值情形为

$$0101010。$$

显然，当游程总数越大，说明X和Y的观测值越随机地散落在不同位置，而这种散落情况呈现出等可能性，表明X与Y的差别不太显著，故我们倾向于接受原假设。根据以上分析，当游程越小，越倾向于拒绝原假设；而游程越大，则越倾向于接受原假设。故我们有了一个明确的思路：由于游程也是一个统计量，如果能够找到游程的具体分布，则我们可以得到一个事件

$$A=\{U\leqslant U_\alpha\}$$

使$P(A)=\alpha$，其中U为游程数，U_α为分位值，则A为小概率事件，且A是一个有利于备择假设$(F\neq G)$发生的事件。故根据假设检验的思想，得到了检验规则

$$\begin{cases} U\leqslant U_\alpha & 拒绝H_0 \\ U>U_\alpha & 接受H_0 \end{cases}。$$

以下主要围绕游程统计量分布进行讨论。

定理 7.4.1 当H_0成立时，有

$$P\{U = 2k\} = \frac{2C_{m-1}^{k-1}C_{n-1}^{k-1}}{C_{m+n}^m}, \quad k = 1, \ 2, \ \cdots, \ \min\{m, \ n\};$$

$$P\{U = 2k+1\} = \frac{C_{m-1}^{k-1}C_{n-1}^k + C_{m-1}^k C_{n-1}^{k-1}}{C_{m+n}^m}, \quad k = 1, \ 2, \ \cdots, \ \min\{m, \ n\} - 1;$$

$$P\{U = 2m+1\} = \frac{C_{n-1}^m}{C_{m+n}^m}, \quad m < n;$$

$$P\{U = 2n+1\} = \frac{C_{m-1}^n}{C_{m+n}^m}, \quad m > n。$$

证明：对于序列$u_1, \ u_2, \ \cdots, \ u_{m+n}$，由于0游程和1游程总是交替出现，故1的游程和0的游程最多相差1。于是，

1)当$U = 2k$时，1的游程和0的游程均为k。而0的游程数为k时，意味着m个0分成k组，共有C_{m-1}^{k-1}种不同分法（$\cdots1\cdots1\cdots1\cdots1\cdots$，相当于在$m-1$个点位置上随机放下$k-1$个栅栏，可把$m$个点分成$k$组）。同理1游程也有$C_{n-1}^{k-1}$种方式的安排，故合并为$C_{m-1}^{k-1}C_{n-1}^{k-1}$种不同的安排。又由于可以把0游程放在最前面，也可以把1游程放在最前面，故有$2C_{m-1}^{k-1}C_{n-1}^{k-1}$种安排。又由于每种游程序列的排列出现为等可能，且共有C_{m+n}^m或C_{m+n}^n种（两者相等），从而得到

$$P\{U = 2k\} = \frac{2C_{m-1}^{k-1}C_{n-1}^{k-1}}{C_{m+n}^m}。$$

2)当$U = 2k+1$且$k < \min\{m, \ n\}$时，有两类可能的排列：0的游程为k个，1的游程为$k+1$个，其安排方式有$C_{m-1}^{k-1}C_{n-1}^k$；0的游程为$k+1$个，1的游程为k个，其安排方式有$C_{m-1}^k C_{n-1}^{k-1}$种，故

$$P\{U = 2k+1\} = \frac{C_{m-1}^{k-1}C_{n-1}^k + C_{m-1}^k C_{n-1}^{k-1}}{C_{m+n}^m}。$$

3)当$m < n$时，总游程数最大为$2m+1$，其中游程的第一个位置及最后一个位置必须为1，而m个0均单独放置于1之间，因此，其排列方式有C_{n-1}^m个（相当于在$n-1$个盒子里放置m个球的排列组合问题），于是有

$$P\{U = 2m+1\} = \frac{C_{n-1}^m}{C_{m+n}^m}。$$

同理可得到$P\{U = 2n+1\}$的表达式。

运用定理7.4.1，对于给定的α，当m，n不大时，可以计算出相应的U_α，使

$$P\{U \leqslant U_\alpha\} = \sum_{j=2}^{U_\alpha} P\{U = j\} \leqslant \alpha \leqslant \sum_{j=2}^{U_{\alpha+1}} P\{U = j\},$$

则$A = \{U \leqslant U_\alpha\}$为拒绝域。

例 7.4.3 利用两种不同饲料喂养同一种动物，一个月后观测其体重增加量，得到的数据见表7.9。试检验饲料对增加重量的影响是否有差别（$\alpha = 0.05$）?

表 7.9 例7.4.3数据

	样本数	增加重量（克）
X，甲饲料	12	400，252，230，148，320，420，280，257，268，330，290，307
Y，乙饲料	10	150，250，200，180，300，350，380，169，232，210

解：把两组样本混合排序得到相应的游程序列为

0111110110000010001100,

总游程数为9。由于

$$P(U = 2) = \frac{2}{C_{22}^{10}}, \quad P(U = 3) = \frac{9 + 11}{C_{22}^{10}} = \frac{20}{C_{22}^{10}},$$

$$P(U = 4) = \frac{2 \times 11 \times 9}{C_{22}^{10}} = \frac{198}{C_{22}^{10}}, \quad P(U = 5) = \frac{11 \times C_9^2 + C_{11}^2 \times 9}{C_{22}^{10}} = \frac{891}{C_{22}^{10}},$$

$$P(U = 6) = \frac{2 \times C_{11}^2 \times C_9^2}{C_{22}^{10}} = \frac{3960}{C_{22}^{10}},$$

$$P(U = 7) = \frac{C_{11}^2 \times C_9^3 + C_{11}^3 \times C_9^2}{C_{22}^{10}} = \frac{10560}{C_{22}^{10}}, \quad P(U = 8) = \frac{27720}{C_{22}^{10}},$$

又$C_{22}^{10} = 646646$，显然有

$$\sum_{j=2}^{7} P(U = j) < 0.05 < \sum_{j=2}^{8} P(U = j),$$

故对于原假设

$$H_0 : F = G,$$

拒绝域为$\{U \leqslant 7\}$。在本例中，由于$U = 9$，故无法拒绝原假设。

177

在m，n较大时，可以证明

$$\frac{U - E(U)}{\sqrt{D(U)}} \overset{\cdot}{\sim} N(0, 1),$$

其中

$$E(U) = 1 + \frac{2mn}{m+n}, \ D(U) = \frac{2mn(2mn - m - n)}{(m+n)^2(m+n-1)},$$

故利用

$$P\left\{\frac{U - E(U)}{\sqrt{D(U)}} \leqslant -Z_\alpha\right\} = \alpha,$$

可以得到拒绝域为

$$\left\{U \leqslant E(U) - Z_\alpha\sqrt{D(U)}\right\}。$$

例 7.4.4 对两总体的样本进行合并排序得到一游程

$$001010001000111010010110101000110110001110110100110110011001,$$

可否认为原总体无显著性差异（$\alpha = 0.05$）？

解：经统计得0的个数为31，1的个数为29，即$m = 31$，$n = 29$，则

$$E(U) = 1 + \frac{2 \times 31 \times 29}{60} \approx 30.97,$$

$$D(U) = \frac{2 \times 31 \times 29 \times (2 \times 31 \times 29 - 31 - 29)}{(31 + 29)^2 \times (31 + 29 - 1)} \approx 14.71,$$

故

$$E(U) - Z_\alpha\sqrt{D(U)} \approx 30.97 - 1.645 \times \sqrt{14.71} \approx 24.66。$$

由于

$$U = 36 > E(U) - Z_\alpha\sqrt{D(U)},$$

故无法拒绝原假设，认为两总体无显著性差异。

§7.5 密度函数估计

对于连续型随机变量$X \sim F(x)$，若$F(x)$为未知的分布函数，X_1，X_2，$\cdots$，X_n为X的i.i.d.样本，我们一般以经验分布函数$F_n(x)$来估计$F(x)$。现在的问题是：如果我们想了解随机变量X的密度函数的大致情形，则将碰到困难。因为经验分布函数

不但存在许多不连续点，而且在连续点上的导数均为0，显然利用经验分布函数作为出发点来估计X的密度函数是行不通的。

在经济计量学建模分析中，非参数方法是一个重要的手段，其理论方法则完全依赖于对密度函数的估计。由于密度函数的估计方法既不依赖于具体概型，也不依赖于具体参数，故在本质上也属于非参数统计方法。本节将简要地讨论密度函数的估计方法。以下设$X \sim f(x)$，$f(x)$为未知的密度函数，X_1，X_2，$\cdots$，X_n为i.i.d.样本。

（一）直方估计

首先把实数域划分为一列子区间

$$\cdots < a_{-1} < a_0 < a_1 < \cdots,$$

以l_i标记区间$[a_i, a_{i+1})$，$i = 0$，± 1，± 2，$\cdots$。记X_1，X_2，$\cdots$，X_n落在l_i的个数为q_i，令

$$p_i = F(a_{i+1}) - F(a_i),$$

则q_i的理论个数服从二项分布$B(n, p_i)$。很明显，当$x \in l_i$时，$f(x)$的一个直方估计选取为

$$f_n(x) = \frac{q_i}{n(a_{i+1} - a_i)},$$

特别地，当$a_{i+1} - a_i = 1$时，有

$$f_n(x) = \frac{q_i}{n},$$

即在单位长度内，出现样本的频数与总样本数之比，此即为密度的定义。理论研究表明：$f_n(x)$在区间中点处与$f(x)$吻合较好，越靠近两端效果越差。

在实际应用中，也可以采用如下方法：对给定的一个x，选取适当的h_n，构造区间$[x - h_n, x + h_n]$，取以下的$f_n(x)$作为$f(x)$的密度函数估计，即

$$f_n(x) = \frac{q_i}{2nh_n},$$

q_i为落在$[x - h_n, x + h_n]$的频数，h_n称为窗宽。

（二）k近邻估计

在直方估计中，$2h_n$是选定的数，落入区间的频数q_i为随机变量。如果先取定$k = k_n$，$1 \leqslant k_n \leqslant n$，$k$为正整数，对于给定的$x$，取最小的$b_n(x)$，使$[x - b_n(x), x +$

$b_n(x)$]中恰好落入k个样本，得到$f_n(x)$的估计式为

$$f_n(x) = \frac{k_n}{2nb_n(x)},$$

此估计称为k近邻估计。

k近邻估计与直方估计的不同在于：k近邻估计中区间长度$2b_n(x)$为随机变量，而落入区间的样本个数k_n为定值。

（三）核估计

核估计也称核密度估计，令

$$K(x) = \left\{ \begin{array}{ll} 1/2 & |x| \leqslant 1 \\ 0 & \text{其他} \end{array} \right.,$$

则$K(x)$为服从均匀分布$C[-1, 1]$的密度函数，且直方估计可写为

$$f_n(x) = \frac{1}{nh_n} \sum_{i=1}^{n} K\left(\frac{x - X_i}{h_n} \right),$$

式中K的作用是对样本X_1, X_2, $\cdots$, X_n产生不同的重视程度：对于满足$|x - X_i| \leqslant h_n$的X_i，在$f_n(x)$中予以同样的重视；对$|x - X_i| > h_n$的X_i，则不加以考虑。

更一般地，我们通常取不同的核函数$K(x)$，使K对诸样本的重视不同，从而更加多样化以符合不同的实际情形。核函数的取法已经有了比较成熟的结果，通常满足以下条件：

(1) $\int_{-\infty}^{+\infty} K(x)\mathrm{d}x = 1$；

(2) $\lim_{|x| \to +\infty} xK(x) = 0$；

(3) $K(x)$为偶函数；

(4) $K(x)$有界；

(5) $\int_{-\infty}^{+\infty} |K(x)|\mathrm{d}x < +\infty$。

而以下是常用的几个核函数：

(1) 正态核

$$K(x) = \frac{1}{\sqrt{2\pi}} \mathrm{e}^{-\frac{1}{2}x^2};$$

(2) 抛物线核

$$K(x) = \frac{3}{4}(1 - x^2)\chi(|x| \leqslant 1);$$

(3) 矩形核

$$K(x) = \frac{1}{2}\chi(|x| \leqslant 1);$$

(4) 三角核

$$K(x) = (1 - |x|)\chi(|x| \leqslant 1);$$

(5) 二次型核

$$K(x) = \frac{15}{16}(1 - x^2)^2\chi(|x| \leqslant 1);$$

(6) 余弦核

$$K(x) = \frac{4}{\pi}\cos(\frac{\pi}{2})\chi(|x| \leqslant 1);$$

(7) 指数核

$$K(x) = \frac{1}{2}\mathrm{e}^{-|x|}。$$

其中矩形核操作简单，但不符合数据相关性的一般特点（只要落入给定区间内，不论距离远近均获得相同权重）；抛物线核是在均方误差准则下的最优核函数；正态核具有良好的数学性质，易用且操作简便，是最常用的核函数。

在进行核密度估计时，窗宽的选择也是非常重要的环节，它是考虑精确性和有效性之间平衡的一项策略：窗宽越小，核估计越准确，但窗宽如果过小，区间中要么没有样本点，要么样本点很少，此时估计曲线波动十分厉害；窗宽越大，区间中包含的样本点越多，估计的密度函数曲线越平滑，估计值的方差越小，但密度估计的偏差越大，特别地，如果窗宽过大时，曲线会显得非常平滑，从而掩盖了密度函数的真实结构。

常用选取窗宽的准则为平均积分平方误差（Mean Integrated Square Error, MISE），即

$$E\left\{\int[f_n(x) - f(x)^2\mathrm{d}x\right\},$$

然而，由于该期望形式较为复杂，常将该准则简化为渐近平均积分平方误差（AMISE）。在AMISE准则下，最佳窗宽为

$$h = \left[\frac{R(K)}{\mu_2 R(f'')n}\right]^{1/5},$$

其中 $\mu_2 = \int x^2 K(x)\mathrm{d}x$, $R(g) = \int g^2$。实际上，上式仍然包含了未知信息，即 $f''(x)$，使用时需对其进行估计。许多学者对这个估计问题进行了深入研究，如，有研究提出，当假定真实分布为正态分布，且选择正态核作为核函数时，可以得到最佳窗宽为

$$h = \left(\frac{4\hat{\sigma}^5}{3n}\right)^{1/5},$$

其中 $\hat{\sigma}$ 为样本标准差，n 为样本容量。

以上对密度函数的估计，直方估计最为古老，也较为粗糙，但其直观的合理性为近邻估计及核密度估计提供了借鉴以及进一步拓展了思路。

总之，对于密度函数的估计而言，起主导作用的是落在 x 领域内的样本，如果 K 及 h_n 的选取使远离 x 的样本受到比较明显的重视，此时得到的核估计将不会具备良好的性质。

以上关于密度函数估计方法的讨论，可以看出它们实质都是关于数据平滑的方法，选择不同的权重对样本进行"平均"，在估计的过程中，完全摆脱关于分布和参数的假设，所得到的估计不同于前面讨论的矩法估计、极大似然估计、最小方差无偏估计等，故本质上完全属于非参数统计的范畴。关于核估计中核的选择和最佳窗宽的选择内容十分丰富，研究也颇具深度，对于有志于非参数经济建模的读者，可参考其他相关文献。

思考练习题

1. 用两种不同饲养方案养殖小猪，3个月后分别从两种方案中观测生猪增加的重量（选取的小猪数量分布为10头、9头）：

   甲方案：　68　65　72　75　80　85　66　62　74　69

   乙方案：　70　72　75　70　65　78　86　88　90

   问：两种方案有无显著性差别（$\alpha = 0.05$）？

2. 考察患某种疾病与抽烟的关系，随机调查500个人，得到数据见表7.10。问：抽烟与患某种病是否相互独立（$\alpha = 0.05$）？

3. 随机抽取某学校20名男高中生的体重，得到数据如下（千克）：

   48　45　50　46.5　45.5　50　40　38　　80　65

   75　62　63　48　　51　49　41　41.5　44.5　46

可否认为该校高中生体重的中位数为 $\mu = 50$ （$\alpha = 0.05$）？

表 7.10 题2数据

	患某种病	没患某种病	合计
抽烟	180	120	300人
不抽烟	50	150	200人
总计	230	270	

4. 证明秩相关系数

$$r_{XY} = 1 - \frac{6 \sum\limits_{i=1}^{n} d_i^2}{n(n^2 - 1)}$$

满足：$-1 \leqslant r_{XY} \leqslant 1$。

5. 分别证明正态核、抛物线核、矩形核、三角核、二次形核、余弦核、指数核满足关于核函数通常应该满足的条件（见§7.5）。

附录 附 表

附1 二项分布的概率分布表

$$P(X = k) = \binom{n}{k} p^k (1-p)^{(n-k)}$$

n	k	0.01	0.05	0.10	0.20	0.25	0.30	0.40	0.45	0.49	0.50
										p	
2	0	0.9801	0.9025	0.8100	0.6400	0.5625	0.4900	0.3600	0.3025	0.2601	0.2500
	1	0.0198	0.0950	0.1800	0.3200	0.3750	0.4200	0.4800	0.4950	0.4998	0.5000
	2	0.0001	0.0025	0.0100	0.0400	0.0625	0.0900	0.1600	0.2025	0.2401	0.2500
3	0	0.9703	0.8574	0.7290	0.5120	0.4219	0.3430	0.2160	0.1664	0.1327	0.1250
	1	0.0294	0.1354	0.2430	0.3840	0.4219	0.4410	0.4320	0.4084	0.3823	0.3750
	2	0.0003	0.0071	0.0270	0.0960	0.1406	0.1890	0.2880	0.3341	0.3674	0.3750
	3		0.0001	0.0010	0.0080	0.0156	0.0270	0.0640	0.0911	0.1176	0.1250
4	0	0.9606	0.8145	0.6561	0.4096	0.3164	0.2401	0.1296	0.0915	0.0677	0.0625
	1	0.0388	0.1715	0.2916	0.4096	0.4219	0.4116	0.3456	0.2995	0.2600	0.2500
	2	0.0006	0.0135	0.0486	0.1536	0.2109	0.2646	0.3456	0.3675	0.3747	0.3750
	3		0.0005	0.0036	0.0256	0.0469	0.0756	0.1536	0.2005	0.2400	0.2500
	4			0.0001	0.0016	0.0039	0.0081	0.0256	0.0410	0.0576	0.0625
5	0	0.9510	0.7738	0.5905	0.3277	0.2373	0.1681	0.0778	0.0503	0.0345	0.0313
	1	0.0480	0.2036	0.3281	0.4096	0.3955	0.3602	0.2592	0.2059	0.1657	0.1563
	2	0.0010	0.0214	0.0729	0.2048	0.2637	0.3087	0.3456	0.3369	0.3185	0.3125
	3		0.0011	0.0081	0.0512	0.0879	0.1323	0.2304	0.2757	0.3060	0.3125
	4			0.0005	0.0064	0.0146	0.0284	0.0768	0.1128	0.1470	0.1563
	5				0.0003	0.0010	0.0024	0.0102	0.0185	0.0282	0.0313
6	0	0.9415	0.7351	0.5314	0.2621	0.1780	0.1176	0.0467	0.0277	0.0176	0.0156
	1	0.0571	0.2321	0.3543	0.3932	0.3560	0.3025	0.1866	0.1359	0.1014	0.0938
	2	0.0014	0.0305	0.0984	0.2458	0.2966	0.3241	0.3110	0.2780	0.2436	0.2344
	3		0.0021	0.0146	0.0819	0.1318	0.1852	0.2765	0.3032	0.3121	0.3125
	4		0.0001	0.0012	0.0154	0.0330	0.0595	0.1382	0.1861	0.2249	0.2344
	5			0.0001	0.0015	0.0044	0.0102	0.0369	0.0609	0.0864	0.0938
	6				0.0001	0.0002	0.0007	0.0041	0.0083	0.0138	0.0156
7	0	0.9321	0.6983	0.4783	0.2097	0.1335	0.0824	0.0280	0.0152	0.0090	0.0078
	1	0.0659	0.2573	0.3720	0.3670	0.3115	0.2471	0.1306	0.0872	0.0604	0.0547
	2	0.0020	0.0406	0.1240	0.2753	0.3115	0.3177	0.2613	0.2140	0.1740	0.1641
	3		0.0036	0.0230	0.1147	0.1730	0.2269	0.2903	0.2918	0.2786	0.2734
	4		0.0002	0.0026	0.0287	0.0577	0.0972	0.1935	0.2388	0.2676	0.2734
	5			0.0002	0.0043	0.0115	0.0250	0.0774	0.1172	0.1543	0.1641
	6				0.0004	0.0013	0.0036	0.0172	0.0320	0.0494	0.0547
	7					0.0001	0.0002	0.0016	0.0037	0.0068	0.0078

续表

n	k	0.01	0.05	0.10	0.20	0.25	0.30	0.40	0.45	0.49	0.50
							p				
8	0	0.9227	0.6634	0.4305	0.1678	0.1001	0.0576	0.0168	0.0084	0.0046	0.0039
	1	0.0746	0.2793	0.3826	0.3355	0.2670	0.1977	0.0896	0.0548	0.0352	0.0313
	2	0.0026	0.0515	0.1488	0.2936	0.3115	0.2965	0.2090	0.1569	0.1183	0.1094
	3	0.0001	0.0054	0.0331	0.1468	0.2076	0.2541	0.2787	0.2568	0.2273	0.2188
	4		0.0004	0.0046	0.0459	0.0865	0.1361	0.2322	0.2627	0.2730	0.2734
	5			0.0004	0.0092	0.0231	0.0467	0.1239	0.1719	0.2098	0.2188
	6				0.0011	0.0038	0.0100	0.0413	0.0703	0.1008	0.1094
	7				0.0001	0.0004	0.0012	0.0079	0.0164	0.0277	0.0313
	8						0.0001	0.0007	0.0017	0.0033	0.0039
9	0	0.9135	0.6302	0.3874	0.1342	0.0751	0.0404	0.0101	0.0046	0.0023	0.0020
	1	0.0830	0.2985	0.3874	0.3020	0.2253	0.1556	0.0605	0.0339	0.0202	0.0176
	2	0.0034	0.0629	0.1722	0.3020	0.3003	0.2668	0.1612	0.1110	0.0776	0.0703
	3	0.0001	0.0077	0.0446	0.1762	0.2336	0.2668	0.2508	0.2119	0.1739	0.1641
	4		0.0006	0.0074	0.0661	0.1168	0.1715	0.2508	0.2600	0.2506	0.2461
	5			0.0008	0.0165	0.0389	0.0735	0.1672	0.2128	0.2408	0.2461
	6			0.0001	0.0028	0.0087	0.0210	0.0743	0.1160	0.1542	0.1641
	7				0.0003	0.0012	0.0039	0.0212	0.0407	0.0635	0.0703
	8					0.0001	0.0004	0.0035	0.0083	0.0153	0.0176
	9							0.0003	0.0008	0.0016	0.0020
10	0	0.9044	0.5987	0.3487	0.1074	0.0563	0.0282	0.0060	0.0025	0.0012	0.0010
	1	0.0914	0.3151	0.3874	0.2684	0.1877	0.1211	0.0403	0.0207	0.0114	0.0098
	2	0.0042	0.0746	0.1937	0.3020	0.2816	0.2335	0.1209	0.0763	0.0494	0.0439
	3	0.0001	0.0105	0.0574	0.2013	0.2503	0.2668	0.2150	0.1665	0.1267	0.1172
	4		0.0010	0.0112	0.0881	0.1460	0.2001	0.2508	0.2384	0.2130	0.2051
	5		0.0001	0.0015	0.0264	0.0584	0.1029	0.2007	0.2340	0.2456	0.2461
	6			0.0001	0.0055	0.0162	0.0368	0.1115	0.1596	0.1966	0.2051
	7				0.0008	0.0031	0.0090	0.0425	0.0746	0.1080	0.1172
	8				0.0001	0.0004	0.0014	0.0106	0.0229	0.0389	0.0439
	9						0.0001	0.0016	0.0042	0.0083	0.0098
	10							0.0001	0.0003	0.0008	0.0010
15	0	0.8601	0.4633	0.2059	0.0352	0.0134	0.0047	0.0005	0.0001	0.0000	0.0000
	1	0.1303	0.3658	0.3432	0.1319	0.0668	0.0305	0.0047	0.0016	0.0006	0.0005
	2	0.0092	0.1348	0.2669	0.2309	0.1559	0.0916	0.0219	0.0090	0.0040	0.0032
	3	0.0004	0.0307	0.1285	0.2501	0.2252	0.1700	0.0634	0.0318	0.0166	0.0139
	4		0.0049	0.0428	0.1876	0.2252	0.2186	0.1268	0.0780	0.0478	0.0417
	5		0.0006	0.0105	0.1032	0.1651	0.2061	0.1859	0.1404	0.1010	0.0916
	6			0.0019	0.0430	0.0917	0.1472	0.2066	0.1914	0.1617	0.1527
	7			0.0003	0.0138	0.0393	0.0811	0.1771	0.2013	0.1997	0.1964
	8				0.0035	0.0131	0.0348	0.1181	0.1647	0.1919	0.1964
	9				0.0007	0.0034	0.0116	0.0612	0.1048	0.1434	0.1527
	10				0.0001	0.0007	0.0030	0.0245	0.0515	0.0827	0.0916
	11					0.0001	0.0006	0.0074	0.0191	0.0361	0.0417
	12						0.0001	0.0016	0.0052	0.0116	0.0139
	13							0.0003	0.0010	0.0026	0.0032
	14								0.0001	0.0004	0.0005

续表

n	k	0.01	0.05	0.10	0.20	0.25	0.30	0.40	0.45	0.49	0.50
20	0	0.8179	0.3585	0.1216	0.0115	0.0032	0.0008	0.0000	0.0000	0.0000	0.0000
	1	0.1652	0.3774	0.2702	0.0576	0.0211	0.0068	0.0005	0.0001	0.0000	0.0000
	2	0.0159	0.1887	0.2852	0.1369	0.0669	0.0278	0.0031	0.0008	0.0002	0.0002
	3	0.0010	0.0596	0.1901	0.2054	0.1339	0.0716	0.0123	0.0040	0.0014	0.0011
	4		0.0133	0.0898	0.2182	0.1897	0.1304	0.0350	0.0139	0.0059	0.0046
	5		0.0022	0.0319	0.1746	0.2023	0.1789	0.0746	0.0365	0.0180	0.0148
	6		0.0003	0.0089	0.1091	0.1686	0.1916	0.1244	0.0746	0.0432	0.0370
	7			0.0020	0.0545	0.1124	0.1643	0.1659	0.1221	0.0830	0.0739
	8			0.0004	0.0222	0.0609	0.1144	0.1797	0.1623	0.1296	0.1201
	9			0.0001	0.0074	0.0271	0.0654	0.1597	0.1771	0.1661	0.1602
	10				0.0020	0.0099	0.0308	0.1171	0.1593	0.1755	0.1762
	11				0.0005	0.0030	0.0120	0.0710	0.1185	0.1533	0.1602
	12				0.0001	0.0008	0.0039	0.0355	0.0727	0.1105	0.1201
	13					0.0002	0.0010	0.0146	0.0366	0.0653	0.0739
	14						0.0002	0.0049	0.0150	0.0314	0.0370
	15							0.0013	0.0049	0.0121	0.0148
	16							0.0003	0.0013	0.0036	0.0046
	17								0.0002	0.0008	0.0011
	18									0.0001	0.0002
25	0	0.7778	0.2774	0.0718	0.0038	0.0008	0.0001	0.0000	0.0000	0.0000	0.0000
	1	0.1964	0.3650	0.1994	0.0236	0.0063	0.0014	0.0000	0.0000	0.0000	0.0000
	2	0.0238	0.2305	0.2659	0.0708	0.0251	0.0074	0.0004	0.0001	0.0000	0.0000
	3	0.0018	0.0930	0.2265	0.1358	0.0641	0.0243	0.0019	0.0004	0.0001	0.0001
	4	0.0001	0.0269	0.1384	0.1867	0.1175	0.0572	0.0071	0.0018	0.0005	0.0004
	5		0.0060	0.0646	0.1960	0.1645	0.1030	0.0199	0.0063	0.0021	0.0016
	6		0.0010	0.0239	0.1633	0.1828	0.1472	0.0442	0.0172	0.0068	0.0053
	7		0.0001	0.0072	0.1108	0.1654	0.1712	0.0800	0.0381	0.0178	0.0143
	8			0.0018	0.0623	0.1241	0.1651	0.1200	0.0701	0.0384	0.0322
	9			0.0004	0.0294	0.0781	0.1336	0.1511	0.1084	0.0697	0.0609
	10			0.0001	0.0118	0.0417	0.0916	0.1612	0.1419	0.1071	0.0974
	11				0.0040	0.0189	0.0536	0.1465	0.1583	0.1404	0.1328
	12				0.0012	0.0074	0.0268	0.1140	0.1511	0.1573	0.1550
	13				0.0003	0.0025	0.0115	0.0760	0.1236	0.1512	0.1550
	14				0.0001	0.0007	0.0042	0.0434	0.0867	0.1245	0.1328
	15					0.0002	0.0013	0.0212	0.0520	0.0877	0.0974
	16						0.0004	0.0088	0.0266	0.0527	0.0609
	17						0.0001	0.0031	0.0115	0.0268	0.0322
	18							0.0009	0.0042	0.0114	0.0143
	19							0.0002	0.0013	0.0040	0.0053
	20								0.0003	0.0012	0.0016
	21								0.0001	0.0003	0.0004
	22										0.0001

n	k	p									
		0.01	0.05	0.10	0.20	0.25	0.30	0.40	0.45	0.49	0.50
30	0	0.7397	0.2146	0.0424	0.0012	0.0002	0.0000	0.0000	0.0000	0.0000	0.0000
	1	0.2242	0.3389	0.1413	0.0093	0.0018	0.0003	0.0000	0.0000	0.0000	0.0000
	2	0.0328	0.2586	0.2277	0.0337	0.0086	0.0018	0.0000	0.0000	0.0000	0.0000
	3	0.0031	0.1270	0.2361	0.0785	0.0269	0.0072	0.0003	0.0000	0.0000	0.0000
	4	0.0002	0.0451	0.1771	0.1325	0.0604	0.0208	0.0012	0.0002	0.0000	0.0000
	5		0.0124	0.1023	0.1723	0.1047	0.0464	0.0041	0.0008	0.0002	0.0001
	6		0.0027	0.0474	0.1795	0.1455	0.0829	0.0115	0.0029	0.0008	0.0006
	7		0.0005	0.0180	0.1538	0.1662	0.1219	0.0263	0.0081	0.0026	0.0019
	8		0.0001	0.0058	0.1106	0.1593	0.1501	0.0505	0.0191	0.0072	0.0055
	9			0.0016	0.0676	0.1298	0.1573	0.0823	0.0382	0.0168	0.0133
	10			0.0004	0.0355	0.0909	0.1416	0.1152	0.0656	0.0340	0.0280
	11			0.0001	0.0161	0.0551	0.1103	0.1396	0.0976	0.0593	0.0509
	12				0.0064	0.0291	0.0749	0.1474	0.1265	0.0903	0.0806
	13				0.0022	0.0134	0.0444	0.1360	0.1433	0.1201	0.1115
	14				0.0007	0.0054	0.0231	0.1101	0.1424	0.1401	0.1354
	15				0.0002	0.0019	0.0106	0.0783	0.1242	0.1436	0.1445
	16					0.0006	0.0042	0.0489	0.0953	0.1293	0.1354
	17					0.0002	0.0015	0.0269	0.0642	0.1023	0.1115
	18						0.0005	0.0129	0.0379	0.0710	0.0806
	19						0.0001	0.0054	0.0196	0.0431	0.0509
	20							0.0020	0.0088	0.0228	0.0280
	21							0.0006	0.0034	0.0104	0.0133
	22							0.0002	0.0012	0.0041	0.0055
	23								0.0003	0.0014	0.0019
	24								0.0001	0.0004	0.0006
	25									0.0001	0.0001

附2　泊松分布的概率分布表

$$P(X = k) = \frac{\lambda^k}{k!} e^{-\lambda}$$

k＼λ	0.1	0.2	0.3	0.4	0.5	0.6	0.7	0.8	0.9	1.0	2.0	3.0
0	0.905	0.819	0.741	0.670	0.607	0.549	0.497	0.449	0.407	0.368	0.135	0.050
1	0.090	0.164	0.222	0.268	0.303	0.329	0.348	0.359	0.366	0.368	0.271	0.149
2	0.005	0.016	0.033	0.054	0.076	0.099	0.122	0.144	0.165	0.184	0.271	0.224
3		0.001	0.003	0.007	0.013	0.020	0.028	0.038	0.049	0.061	0.180	0.224
4				0.001	0.002	0.003	0.005	0.008	0.011	0.015	0.090	0.168
5							0.001	0.001	0.002	0.003	0.036	0.101
6										0.001	0.012	0.050
7											0.003	0.022
8											0.001	0.008
9												0.003
10												0.001

k＼λ	4.0	5.0	6.0	7.0	8.0	9.0	10.0	11.0	12.0	13.0	14.0	15.0
0	0.018	0.007	0.002	0.001	0.000	0.000	0.000	0.000	0.000	0.000	0.000	0.000
1	0.073	0.034	0.015	0.006	0.003	0.001	0.000	0.000	0.000	0.000	0.000	0.000
2	0.147	0.084	0.045	0.022	0.011	0.005	0.002	0.001	0.000	0.000	0.000	0.000
3	0.195	0.140	0.089	0.052	0.029	0.015	0.008	0.004	0.002	0.001	0.000	0.000
4	0.195	0.175	0.134	0.091	0.057	0.034	0.019	0.010	0.005	0.003	0.001	0.001
5	0.156	0.175	0.161	0.128	0.092	0.061	0.038	0.022	0.013	0.007	0.004	0.002
6	0.104	0.146	0.161	0.149	0.122	0.091	0.063	0.041	0.025	0.015	0.009	0.005
7	0.060	0.104	0.138	0.149	0.140	0.117	0.090	0.065	0.044	0.028	0.017	0.010
8	0.030	0.065	0.103	0.130	0.140	0.132	0.113	0.089	0.066	0.046	0.030	0.019
9	0.013	0.036	0.069	0.101	0.124	0.132	0.125	0.109	0.087	0.066	0.047	0.032
10	0.005	0.018	0.041	0.071	0.099	0.119	0.125	0.119	0.105	0.086	0.066	0.049
11	0.002	0.008	0.023	0.045	0.072	0.097	0.114	0.119	0.114	0.101	0.084	0.066
12	0.001	0.003	0.011	0.026	0.048	0.073	0.095	0.109	0.114	0.110	0.098	0.083
13		0.001	0.005	0.014	0.030	0.050	0.073	0.093	0.106	0.110	0.106	0.096
14			0.002	0.007	0.017	0.032	0.052	0.073	0.090	0.102	0.106	0.102
15			0.001	0.003	0.009	0.019	0.035	0.053	0.072	0.088	0.099	0.102
16				0.001	0.005	0.011	0.022	0.037	0.054	0.072	0.087	0.096
17				0.001	0.002	0.006	0.013	0.024	0.038	0.055	0.071	0.085
18					0.001	0.003	0.007	0.015	0.026	0.040	0.055	0.071
19						0.001	0.004	0.008	0.016	0.027	0.041	0.056
20						0.001	0.002	0.005	0.010	0.018	0.029	0.042
21							0.001	0.002	0.006	0.011	0.019	0.030
22								0.001	0.003	0.006	0.012	0.020
23									0.002	0.004	0.007	0.013
24									0.001	0.002	0.004	0.008
25										0.001	0.002	0.005
26										0.001	0.001	0.003
27											0.001	0.002
28												0.001

附3　标准正态分布函数$\Phi(x)$表

$$\Phi(x) = \int_{-\infty}^{x} \frac{1}{\sqrt{2\pi}} e^{-\frac{x^2}{2}} \mathrm{d}x$$

x	0.00	0.01	0.02	0.03	0.04	0.05	0.06	0.07	0.08	0.09
0.0	0.5000	0.5040	0.5080	0.5120	0.5160	0.5199	0.5239	0.5279	0.5319	0.5359
0.1	0.5398	0.5438	0.5478	0.5517	0.5557	0.5596	0.5636	0.5675	0.5714	0.5753
0.2	0.5793	0.5832	0.5871	0.5910	0.5948	0.5987	0.6026	0.6064	0.6103	0.6141
0.3	0.6179	0.6217	0.6255	0.6293	0.6331	0.6368	0.6406	0.6443	0.6480	0.6517
0.4	0.6554	0.6591	0.6628	0.6664	0.6700	0.6736	0.6772	0.6808	0.6844	0.6879
0.5	0.6915	0.6950	0.6985	0.7019	0.7054	0.7088	0.7123	0.7157	0.7190	0.7224
0.6	0.7257	0.7291	0.7324	0.7357	0.7389	0.7422	0.7454	0.7486	0.7517	0.7549
0.7	0.7580	0.7611	0.7642	0.7673	0.7704	0.7734	0.7764	0.7794	0.7823	0.7852
0.8	0.7881	0.7910	0.7939	0.7967	0.7995	0.8023	0.8051	0.8078	0.8106	0.8133
0.9	0.8159	0.8186	0.8212	0.8238	0.8264	0.8289	0.8315	0.8340	0.8365	0.8389
1.0	0.8413	0.8438	0.8461	0.8485	0.8508	0.8531	0.8554	0.8577	0.8599	0.8621
1.1	0.8643	0.8665	0.8686	0.8708	0.8729	0.8749	0.8770	0.8790	0.8810	0.8830
1.2	0.8849	0.8869	0.8888	0.8907	0.8925	0.8944	0.8962	0.8980	0.8997	0.9015
1.3	0.9032	0.9049	0.9066	0.9082	0.9099	0.9115	0.9131	0.9147	0.9162	0.9177
1.4	0.9192	0.9207	0.9222	0.9236	0.9251	0.9265	0.9279	0.9292	0.9306	0.9319
1.5	0.9332	0.9345	0.9357	0.9370	0.9382	0.9394	0.9406	0.9418	0.9429	0.9441
1.6	0.9452	0.9463	0.9474	0.9484	0.9495	0.9505	0.9515	0.9525	0.9535	0.9545
1.7	0.9554	0.9564	0.9573	0.9582	0.9591	0.9599	0.9608	0.9616	0.9625	0.9633
1.8	0.9641	0.9649	0.9656	0.9664	0.9671	0.9678	0.9686	0.9693	0.9699	0.9706
1.9	0.9713	0.9719	0.9726	0.9732	0.9738	0.9744	0.9750	0.9756	0.9761	0.9767
2.0	0.9772	0.9778	0.9783	0.9788	0.9793	0.9798	0.9803	0.9808	0.9812	0.9817
2.1	0.9821	0.9826	0.9830	0.9834	0.9838	0.9842	0.9846	0.9850	0.9854	0.9857
2.2	0.9861	0.9864	0.9868	0.9871	0.9875	0.9878	0.9881	0.9884	0.9887	0.9890
2.3	0.9893	0.9896	0.9898	0.9901	0.9904	0.9906	0.9909	0.9911	0.9913	0.9916
2.4	0.9918	0.9920	0.9922	0.9925	0.9927	0.9929	0.9931	0.9932	0.9934	0.9936
2.5	0.9938	0.9940	0.9941	0.9943	0.9945	0.9946	0.9948	0.9949	0.9951	0.9952
2.6	0.9953	0.9955	0.9956	0.9957	0.9959	0.9960	0.9961	0.9962	0.9963	0.9964
2.7	0.9965	0.9966	0.9967	0.9968	0.9969	0.9970	0.9971	0.9972	0.9973	0.9974
2.8	0.9974	0.9975	0.9976	0.9977	0.9977	0.9978	0.9979	0.9979	0.9980	0.9981
2.9	0.9981	0.9982	0.9982	0.9983	0.9984	0.9984	0.9985	0.9985	0.9986	0.9986

x	0.0	0.1	0.2	0.3	0.4
3.0	0.998650	0.999032	0.999313	0.999517	0.999663
4.0	0.9999683	0.9999793	0.9999867	0.9999915	0.9999946
5.0	0.99999971	0.99999983	0.99999990	0.99999994	0.99999997

x	0.5	0.6	0.7	0.8	0.9
3.0	0.999767	0.999841	0.999892	0.999928	0.999952
4.0	0.9999966	0.9999979	0.9999987	0.9999992	0.9999995
5.0	0.99999998	0.99999999	0.99999999	1.00000000	1.00000000

附4 χ^2 分布的分位数表

$$P\{\chi^2(n) > \chi^2_\alpha(n)\} = \alpha$$

n \ α	0.995	0.990	0.975	0.950	0.900	0.500
1	0.00004	0.00016	0.00098	0.00393	0.01579	0.45494
2	0.01003	0.02010	0.05064	0.10259	0.21072	1.38629
3	0.07172	0.11483	0.21580	0.35185	0.58437	2.36597
4	0.20699	0.29711	0.48442	0.71072	1.06362	3.35669
5	0.41174	0.55430	0.83121	1.14548	1.61031	4.35146
6	0.67573	0.87209	1.23734	1.63538	2.20413	5.34812
7	0.98926	1.23904	1.68987	2.16735	2.83311	6.34581
8	1.34441	1.64650	2.17973	2.73264	3.48954	7.34412
9	1.73493	2.08790	2.70039	3.32511	4.16816	8.34283
10	2.15586	2.55821	3.24697	3.94030	4.86518	9.34182
11	2.60322	3.05348	3.81575	4.57481	5.57778	10.34100
12	3.07382	3.57057	4.40379	5.22603	6.30380	11.34032
13	3.56503	4.10692	5.00875	5.89186	7.04150	12.33976
14	4.07467	4.66043	5.62873	6.57063	7.78953	13.33927
15	4.60092	5.22935	6.26214	7.26094	8.54676	14.33886
16	5.14221	5.81221	6.90766	7.96165	9.31224	15.33850
17	5.69722	6.40776	7.56419	8.67176	10.08519	16.33818
18	6.26480	7.01491	8.23075	9.39046	10.86494	17.33790
19	6.84397	7.63273	8.90652	10.11701	11.65091	18.33765
20	7.43384	8.26040	9.59078	10.85081	12.44261	19.33743
21	8.03365	8.89720	10.28290	11.59131	13.23960	20.33723
22	8.64272	9.54249	10.98232	12.33801	14.04149	21.33704
23	9.26042	10.19572	11.68855	13.09051	14.84796	22.33688
24	9.88623	10.85636	12.40115	13.84843	15.65868	23.33673
25	10.51965	11.52398	13.11972	14.61141	16.47341	24.33659
26	11.16024	12.19815	13.84390	15.37916	17.29188	25.33646
27	11.80759	12.87850	14.57338	16.15140	18.11390	26.33634
28	12.46134	13.56471	15.30786	16.92788	18.93924	27.33623
29	13.12115	14.25645	16.04707	17.70837	19.76774	28.33613
30	13.78672	14.95346	16.79077	18.49266	20.59923	29.33603
31	14.45777	15.65546	17.53874	19.28057	21.43356	30.33594
32	15.13403	16.36222	18.29076	20.07191	22.27059	31.33586
33	15.81527	17.07351	19.04666	20.86653	23.11020	32.33578
34	16.50127	17.78915	19.80625	21.66428	23.95225	33.33571
35	17.19182	18.50893	20.56938	22.46502	24.79665	34.33564
36	17.88673	19.23268	21.33588	23.26861	25.64330	35.33557
37	18.58581	19.96023	22.10563	24.07494	26.49209	36.33551
38	19.28891	20.69144	22.87848	24.88390	27.34295	37.33545
39	19.99587	21.42616	23.65432	25.69539	28.19579	38.33540
40	20.70654	22.16426	24.43304	26.50930	29.05052	39.33534
41	21.42078	22.90561	25.21452	27.32555	29.90709	40.33529
42	22.13846	23.65009	25.99866	28.14405	30.76542	41.33525
43	22.85947	24.39760	26.78537	28.96472	31.62545	42.33520
44	23.58369	25.14803	27.57457	29.78748	32.48713	43.33516
45	24.31101	25.90127	28.36615	30.61226	33.35038	44.33512
46	25.04133	26.65724	29.16005	31.43900	34.21517	45.33508
47	25.77456	27.41585	29.95620	32.26762	35.08143	46.33504
48	26.51059	28.17701	30.75451	33.09808	35.94913	47.33500
49	27.24935	28.94065	31.55492	33.93031	36.81822	48.33497
50	27.99075	29.70668	32.35736	34.76425	37.68865	49.33494

续表

α n	0.250	0.100	0.050	0.025	0.010	0.005
1	1.32330	2.70554	3.84146	5.02389	6.63490	7.87944
2	2.77259	4.60517	5.99146	7.37776	9.21034	10.59663
3	4.10834	6.25139	7.81473	9.34840	11.34487	12.83816
4	5.38527	7.77944	9.48773	11.14329	13.27670	14.86026
5	6.62568	9.23636	11.07050	12.83250	15.08627	16.74960
6	7.84080	10.64464	12.59159	14.44938	16.81189	18.54758
7	9.03715	12.01704	14.06714	16.01276	18.47531	20.27774
8	10.21885	13.36157	15.50731	17.53455	20.09024	21.95495
9	11.38875	14.68366	16.91898	19.02277	21.66599	23.58935
10	12.54886	15.98718	18.30704	20.48318	23.20925	25.18818
11	13.70069	17.27501	19.67514	21.92005	24.72497	26.75685
12	14.84540	18.54935	21.02607	23.33666	26.21697	28.29952
13	15.98391	19.81193	22.36203	24.73560	27.68825	29.81947
14	17.11693	21.06414	23.68479	26.11895	29.14124	31.31935
15	18.24509	22.30713	24.99579	27.48839	30.57791	32.80132
16	19.36886	23.54183	26.29623	28.84535	31.99993	34.26719
17	20.48868	24.76904	27.58711	30.19101	33.40866	35.71847
18	21.60489	25.98942	28.86930	31.52638	34.80531	37.15645
19	22.71781	27.20357	30.14353	32.85233	36.19087	38.58226
20	23.82769	28.41198	31.41043	34.16961	37.56623	39.99685
21	24.93478	29.61509	32.67057	35.47888	38.93217	41.40106
22	26.03927	30.81328	33.92444	36.78071	40.28936	42.79565
23	27.14134	32.00690	35.17246	38.07563	41.63840	44.18128
24	28.24115	33.19624	36.41503	39.36408	42.97982	45.55851
25	29.33885	34.38159	37.65248	40.64647	44.31410	46.92789
26	30.43457	35.56317	38.88514	41.92317	45.64168	48.28988
27	31.52841	36.74122	40.11327	43.19451	46.96294	49.64492
28	32.62049	37.91592	41.33714	44.46079	48.27824	50.99338
29	33.71091	39.08747	42.55697	45.72229	49.58788	52.33562
30	34.79974	40.25602	43.77297	46.97924	50.89218	53.67196
31	35.88708	41.42174	44.98534	48.23189	52.19139	55.00270
32	36.97298	42.58475	46.19426	49.48044	53.48577	56.32811
33	38.05753	43.74518	47.39988	50.72508	54.77554	57.64845
34	39.14078	44.90316	48.60237	51.96600	56.06091	58.96393
35	40.22279	46.05879	49.80185	53.20335	57.34207	60.27477
36	41.30362	47.21217	50.99846	54.43729	58.61921	61.58118
37	42.38331	48.36341	52.19232	55.66797	59.89250	62.88334
38	43.46191	49.51258	53.38354	56.89552	61.16209	64.18141
39	44.53946	50.65977	54.57223	58.12006	62.42812	65.47557
40	45.61601	51.80506	55.75848	59.34171	63.69074	66.76596
41	46.69160	52.94851	56.94239	60.56057	64.95007	68.05273
42	47.76625	54.09020	58.12404	61.77676	66.20624	69.33600
43	48.84001	55.23019	59.30351	62.99036	67.45935	70.61590
44	49.91290	56.36854	60.48089	64.20146	68.70951	71.89255
45	50.98495	57.50530	61.65623	65.41016	69.95683	73.16606
46	52.05619	58.64054	62.82962	66.61653	71.20140	74.43654
47	53.12666	59.77429	64.00111	67.82065	72.44331	75.70407
48	54.19636	60.90661	65.17077	69.02259	73.68264	76.96877
49	55.26534	62.03754	66.33865	70.22241	74.91947	78.23071
50	56.33360	63.16712	67.50481	71.42020	76.15389	79.48998

附5　t分布的分位数表

$$P\{t(n) > t_\alpha(n)\} = \alpha$$

α n	0.400	0.300	0.200	0.150	0.100	0.050	0.025	0.010	0.005
1	0.3249	0.7265	1.3764	1.9626	3.0777	6.3138	12.7062	31.8205	63.6567
2	0.2887	0.6172	1.0607	1.3862	1.8856	2.9200	4.3027	6.9646	9.9248
3	0.2767	0.5844	0.9785	1.2498	1.6377	2.3534	3.1824	4.5407	5.8409
4	0.2707	0.5686	0.9410	1.1896	1.5332	2.1318	2.7764	3.7469	4.6041
5	0.2672	0.5594	0.9195	1.1558	1.4759	2.0150	2.5706	3.3649	4.0321
6	0.2648	0.5534	0.9057	1.1342	1.4398	1.9432	2.4469	3.1427	3.7074
7	0.2632	0.5491	0.8960	1.1192	1.4149	1.8946	2.3646	2.9980	3.4995
8	0.2619	0.5459	0.8889	1.1081	1.3968	1.8595	2.3060	2.8965	3.3554
9	0.2610	0.5435	0.8834	1.0997	1.3830	1.8331	2.2622	2.8214	3.2498
10	0.2602	0.5415	0.8791	1.0931	1.3722	1.8125	2.2281	2.7638	3.1693
11	0.2596	0.5399	0.8755	1.0877	1.3634	1.7959	2.2010	2.7181	3.1058
12	0.2590	0.5386	0.8726	1.0832	1.3562	1.7823	2.1788	2.6810	3.0545
13	0.2586	0.5375	0.8702	1.0795	1.3502	1.7709	2.1604	2.6503	3.0123
14	0.2582	0.5366	0.8681	1.0763	1.3450	1.7613	2.1448	2.6245	2.9768
15	0.2579	0.5357	0.8662	1.0735	1.3406	1.7531	2.1314	2.6025	2.9467
16	0.2576	0.5350	0.8647	1.0711	1.3368	1.7459	2.1199	2.5835	2.9208
17	0.2573	0.5344	0.8633	1.0690	1.3334	1.7396	2.1098	2.5669	2.8982
18	0.2571	0.5338	0.8620	1.0672	1.3304	1.7341	2.1009	2.5524	2.8784
19	0.2569	0.5333	0.8610	1.0655	1.3277	1.7291	2.0930	2.5395	2.8609
20	0.2567	0.5329	0.8600	1.0640	1.3253	1.7247	2.0860	2.5280	2.8453
21	0.2566	0.5325	0.8591	1.0627	1.3232	1.7207	2.0796	2.5176	2.8314
22	0.2564	0.5321	0.8583	1.0614	1.3212	1.7171	2.0739	2.5083	2.8188
23	0.2563	0.5317	0.8575	1.0603	1.3195	1.7139	2.0687	2.4999	2.8073
24	0.2562	0.5314	0.8569	1.0593	1.3178	1.7109	2.0639	2.4922	2.7969
25	0.2561	0.5312	0.8562	1.0584	1.3163	1.7081	2.0595	2.4851	2.7874
26	0.2560	0.5309	0.8557	1.0575	1.3150	1.7056	2.0555	2.4786	2.7787
27	0.2559	0.5306	0.8551	1.0567	1.3137	1.7033	2.0518	2.4727	2.7707
28	0.2558	0.5304	0.8546	1.0560	1.3125	1.7011	2.0484	2.4671	2.7633
29	0.2557	0.5302	0.8542	1.0553	1.3114	1.6991	2.0452	2.4620	2.7564
30	0.2556	0.5300	0.8538	1.0547	1.3104	1.6973	2.0423	2.4573	2.7500
31	0.2555	0.5298	0.8534	1.0541	1.3095	1.6955	2.0395	2.4528	2.7440
32	0.2555	0.5297	0.8530	1.0535	1.3086	1.6939	2.0369	2.4487	2.7385
33	0.2554	0.5295	0.8526	1.0530	1.3077	1.6924	2.0345	2.4448	2.7333
34	0.2553	0.5294	0.8523	1.0525	1.3070	1.6909	2.0322	2.4411	2.7284
35	0.2553	0.5292	0.8520	1.0520	1.3062	1.6896	2.0301	2.4377	2.7238
36	0.2552	0.5291	0.8517	1.0516	1.3055	1.6883	2.0281	2.4345	2.7195
37	0.2552	0.5289	0.8514	1.0512	1.3049	1.6871	2.0262	2.4314	2.7154
38	0.2551	0.5288	0.8512	1.0508	1.3042	1.6860	2.0244	2.4286	2.7116
39	0.2551	0.5287	0.8509	1.0504	1.3036	1.6849	2.0227	2.4258	2.7079
40	0.2550	0.5286	0.8507	1.0500	1.3031	1.6839	2.0211	2.4233	2.7045
60	0.2545	0.5272	0.8477	1.0455	1.2958	1.6706	2.0003	2.3901	2.6603
120	0.2539	0.5258	0.8446	1.0409	1.2886	1.6577	1.9799	2.3578	2.6174
∞	0.2533	0.5244	0.8416	1.0364	1.2816	1.6449	1.9600	2.3263	2.5758

附6 F分布的分位数表（$\alpha = 0.05$）

$$P\{F(n_1,\ n_2) > F_\alpha(n_1,\ n_2)\} = \alpha$$

n_2＼n_1	1	2	3	4	5	6	7	8	9	10
1	161.45	199.50	215.71	224.58	230.16	233.99	236.77	238.88	240.54	241.88
2	18.51	19.00	19.16	19.25	19.30	19.33	19.35	19.37	19.38	19.40
3	10.13	9.55	9.28	9.12	9.01	8.94	8.89	8.85	8.81	8.79
4	7.71	6.94	6.59	6.39	6.26	6.16	6.09	6.04	6.00	5.96
5	6.61	5.79	5.41	5.19	5.05	4.95	4.88	4.82	4.77	4.74
6	5.99	5.14	4.76	4.53	4.39	4.28	4.21	4.15	4.10	4.06
7	5.59	4.74	4.35	4.12	3.97	3.87	3.79	3.73	3.68	3.64
8	5.32	4.46	4.07	3.84	3.69	3.58	3.50	3.44	3.39	3.35
9	5.12	4.26	3.86	3.63	3.48	3.37	3.29	3.23	3.18	3.14
10	4.96	4.10	3.71	3.48	3.33	3.22	3.14	3.07	3.02	2.98
12	4.75	3.89	3.49	3.26	3.11	3.00	2.91	2.85	2.80	2.75
15	4.54	3.68	3.29	3.06	2.90	2.79	2.71	2.64	2.59	2.54
20	4.35	3.49	3.10	2.87	2.71	2.60	2.51	2.45	2.39	2.35
24	4.26	3.40	3.01	2.78	2.62	2.51	2.42	2.36	2.30	2.25
30	4.17	3.32	2.92	2.69	2.53	2.42	2.33	2.27	2.21	2.16
40	4.08	3.23	2.84	2.61	2.45	2.34	2.25	2.18	2.12	2.08
60	4.00	3.15	2.76	2.53	2.37	2.25	2.17	2.10	2.04	1.99
120	3.92	3.07	2.68	2.45	2.29	2.18	2.09	2.02	1.96	1.91
∞	3.84	3.00	2.60	2.37	2.21	2.10	2.01	1.94	1.88	1.83

n_2＼n_1	12	15	20	24	30	40	60	120	∞
1	243.91	245.95	248.01	249.05	250.10	251.14	252.20	253.25	254.31
2	19.41	19.43	19.45	19.45	19.46	19.47	19.48	19.49	19.50
3	8.74	8.70	8.66	8.64	8.62	8.59	8.57	8.55	8.53
4	5.91	5.86	5.80	5.77	5.75	5.72	5.69	5.66	5.63
5	4.68	4.62	4.56	4.53	4.50	4.46	4.43	4.40	4.36
6	4.00	3.94	3.87	3.84	3.81	3.77	3.74	3.70	3.67
7	3.57	3.51	3.44	3.41	3.38	3.34	3.30	3.27	3.23
8	3.28	3.22	3.15	3.12	3.08	3.04	3.01	2.97	2.93
9	3.07	3.01	2.94	2.90	2.86	2.83	2.79	2.75	2.71
10	2.91	2.85	2.77	2.74	2.70	2.66	2.62	2.58	2.54
12	2.69	2.62	2.54	2.51	2.47	2.43	2.38	2.34	2.30
15	2.48	2.40	2.33	2.29	2.25	2.20	2.16	2.11	2.07
20	2.28	2.20	2.12	2.08	2.04	1.99	1.95	1.90	1.84
24	2.18	2.11	2.03	1.98	1.94	1.89	1.84	1.79	1.73
30	2.09	2.01	1.93	1.89	1.84	1.79	1.74	1.68	1.62
40	2.00	1.92	1.84	1.79	1.74	1.69	1.64	1.58	1.51
60	1.92	1.84	1.75	1.70	1.65	1.59	1.53	1.47	1.39
120	1.83	1.75	1.66	1.61	1.55	1.50	1.43	1.35	1.25
∞	1.75	1.67	1.57	1.52	1.46	1.39	1.32	1.22	1.00

附7　F分布的分位数表（$\alpha = 0.025$）

$$P\{F(n_1,\ n_2) > F_\alpha(n_1,\ n_2)\} = \alpha$$

n_2 \ n_1	1	2	3	4	5	6	7	8	9	10
1	647.79	799.50	864.16	899.58	921.85	937.11	948.22	956.66	963.28	968.63
2	38.51	39.00	39.17	39.25	39.30	39.33	39.36	39.37	39.39	39.40
3	17.44	16.04	15.44	15.10	14.88	14.73	14.62	14.54	14.47	14.42
4	12.22	10.65	9.98	9.60	9.36	9.20	9.07	8.98	8.90	8.84
5	10.01	8.43	7.76	7.39	7.15	6.98	6.85	6.76	6.68	6.62
6	8.81	7.26	6.60	6.23	5.99	5.82	5.70	5.60	5.52	5.46
7	8.07	6.54	5.89	5.52	5.29	5.12	4.99	4.90	4.82	4.76
8	7.57	6.06	5.42	5.05	4.82	4.65	4.53	4.43	4.36	4.30
9	7.21	5.71	5.08	4.72	4.48	4.32	4.20	4.10	4.03	3.96
10	6.94	5.46	4.83	4.47	4.24	4.07	3.95	3.85	3.78	3.72
12	6.55	5.10	4.47	4.12	3.89	3.73	3.61	3.51	3.44	3.37
15	6.20	4.77	4.15	3.80	3.58	3.41	3.29	3.20	3.12	3.06
20	5.87	4.46	3.86	3.51	3.29	3.13	3.01	2.91	2.84	2.77
24	5.72	4.32	3.72	3.38	3.15	2.99	2.87	2.78	2.70	2.64
30	5.57	4.18	3.59	3.25	3.03	2.87	2.75	2.65	2.57	2.51
40	5.42	4.05	3.46	3.13	2.90	2.74	2.62	2.53	2.45	2.39
60	5.29	3.93	3.34	3.01	2.79	2.63	2.51	2.41	2.33	2.27
120	5.15	3.80	3.23	2.89	2.67	2.52	2.39	2.30	2.22	2.16
∞	5.02	3.69	3.12	2.79	2.57	2.41	2.29	2.19	2.11	2.05

n_2 \ n_1	12	15	20	24	30	40	60	120	∞
1	976.71	984.87	993.10	997.25	1001.41	1005.60	1009.80	1014.02	1018.26
2	39.41	39.43	39.45	39.46	39.46	39.47	39.48	39.49	39.50
3	14.34	14.25	14.17	14.12	14.08	14.04	13.99	13.95	13.90
4	8.75	8.66	8.56	8.51	8.46	8.41	8.36	8.31	8.26
5	6.52	6.43	6.33	6.28	6.23	6.18	6.12	6.07	6.02
6	5.37	5.27	5.17	5.12	5.07	5.01	4.96	4.90	4.85
7	4.67	4.57	4.47	4.41	4.36	4.31	4.25	4.20	4.14
8	4.20	4.10	4.00	3.95	3.89	3.84	3.78	3.73	3.67
9	3.87	3.77	3.67	3.61	3.56	3.51	3.45	3.39	3.33
10	3.62	3.52	3.42	3.37	3.31	3.26	3.20	3.14	3.08
12	3.28	3.18	3.07	3.02	2.96	2.91	2.85	2.79	2.72
15	2.96	2.86	2.76	2.70	2.64	2.59	2.52	2.46	2.40
20	2.68	2.57	2.46	2.41	2.35	2.29	2.22	2.16	2.09
24	2.54	2.44	2.33	2.27	2.21	2.15	2.08	2.01	1.94
30	2.41	2.31	2.20	2.14	2.07	2.01	1.94	1.87	1.79
40	2.29	2.18	2.07	2.01	1.94	1.88	1.80	1.72	1.64
60	2.17	2.06	1.94	1.88	1.82	1.74	1.67	1.58	1.48
120	2.05	1.94	1.82	1.76	1.69	1.61	1.53	1.43	1.31
∞	1.94	1.83	1.71	1.64	1.57	1.48	1.39	1.27	1.00

附8 F分布的分位数表（$\alpha = 0.01$）

$$P\{F(n_1,\ n_2) > F_\alpha(n_1,\ n_2)\} = \alpha$$

n_2 \ n_1	1	2	3	4	5	6	7	8	9	10
1	4052.2	4999.5	5403.4	5624.6	5763.6	5859.0	5928.4	5981.1	6022.5	6055.8
2	98.50	99.00	99.17	99.25	99.30	99.33	99.36	99.37	99.39	99.40
3	34.12	30.82	29.46	28.71	28.24	27.91	27.67	27.49	27.35	27.23
4	21.20	18.00	16.69	15.98	15.52	15.21	14.98	14.80	14.66	14.55
5	16.26	13.27	12.06	11.39	10.97	10.67	10.46	10.29	10.16	10.05
6	13.75	10.92	9.78	9.15	8.75	8.47	8.26	8.10	7.98	7.87
7	12.25	9.55	8.45	7.85	7.46	7.19	6.99	6.84	6.72	6.62
8	11.26	8.65	7.59	7.01	6.63	6.37	6.18	6.03	5.91	5.81
9	10.56	8.02	6.99	6.42	6.06	5.80	5.61	5.47	5.35	5.26
10	10.04	7.56	6.55	5.99	5.64	5.39	5.20	5.06	4.94	4.85
12	9.33	6.93	5.95	5.41	5.06	4.82	4.64	4.50	4.39	4.30
15	8.68	6.36	5.42	4.89	4.56	4.32	4.14	4.00	3.89	3.80
20	8.10	5.85	4.94	4.43	4.10	3.87	3.70	3.56	3.46	3.37
24	7.82	5.61	4.72	4.22	3.90	3.67	3.50	3.36	3.26	3.17
30	7.56	5.39	4.51	4.02	3.70	3.47	3.30	3.17	3.07	2.98
40	7.31	5.18	4.31	3.83	3.51	3.29	3.12	2.99	2.89	2.80
60	7.08	4.98	4.13	3.65	3.34	3.12	2.95	2.82	2.72	2.63
120	6.85	4.79	3.95	3.48	3.17	2.96	2.79	2.66	2.56	2.47
∞	6.63	4.61	3.78	3.32	3.02	2.80	2.64	2.51	2.41	2.32

n_2 \ n_1	12	15	20	24	30	40	60	120	∞
1	6106.3	6157.3	6208.7	6234.6	6260.6	6286.8	6313.0	6339.4	6365.9
2	99.42	99.43	99.45	99.46	99.47	99.47	99.48	99.49	99.50
3	27.05	26.87	26.69	26.60	26.50	26.41	26.32	26.22	26.13
4	14.37	14.20	14.02	13.93	13.84	13.75	13.65	13.56	13.46
5	9.89	9.72	9.55	9.47	9.38	9.29	9.20	9.11	9.02
6	7.72	7.56	7.40	7.31	7.23	7.14	7.06	6.97	6.88
7	6.47	6.31	6.16	6.07	5.99	5.91	5.82	5.74	5.65
8	5.67	5.52	5.36	5.28	5.20	5.12	5.03	4.95	4.86
9	5.11	4.96	4.81	4.73	4.65	4.57	4.48	4.40	4.31
10	4.71	4.56	4.41	4.33	4.25	4.17	4.08	4.00	3.91
12	4.16	4.01	3.86	3.78	3.70	3.62	3.54	3.45	3.36
15	3.67	3.52	3.37	3.29	3.21	3.13	3.05	2.96	2.87
20	3.23	3.09	2.94	2.86	2.78	2.69	2.61	2.52	2.42
24	3.03	2.89	2.74	2.66	2.58	2.49	2.40	2.31	2.21
30	2.84	2.70	2.55	2.47	2.39	2.30	2.21	2.11	2.01
40	2.66	2.52	2.37	2.29	2.20	2.11	2.02	1.92	1.80
60	2.50	2.35	2.20	2.12	2.03	1.94	1.84	1.73	1.60
120	2.34	2.19	2.03	1.95	1.86	1.76	1.66	1.53	1.38
∞	2.18	2.04	1.88	1.79	1.70	1.59	1.47	1.32	1.00

附9　F分布的分位数表（$\alpha = 0.005$）

$$P\{F(n_1,\ n_2) > F_\alpha(n_1,\ n_2)\} = \alpha$$

n_2 \ n_1	1	2	3	4	5	6	7	8	9	10
1	16211	20000	21615	22500	23056	23437	23715	23925	24091	24224
2	198.50	199.00	199.17	199.25	199.30	199.33	199.36	199.37	199.39	199.40
3	55.55	49.80	47.47	46.19	45.39	44.84	44.43	44.13	43.88	43.69
4	31.33	26.28	24.26	23.15	22.46	21.97	21.62	21.35	21.14	20.97
5	22.78	18.31	16.53	15.56	14.94	14.51	14.20	13.96	13.77	13.62
6	18.63	14.54	12.92	12.03	11.46	11.07	10.79	10.57	10.39	10.25
7	16.24	12.40	10.88	10.05	9.52	9.16	8.89	8.68	8.51	8.38
8	14.69	11.04	9.60	8.81	8.30	7.95	7.69	7.50	7.34	7.21
9	13.61	10.11	8.72	7.96	7.47	7.13	6.88	6.69	6.54	6.42
10	12.83	9.43	8.08	7.34	6.87	6.54	6.30	6.12	5.97	5.85
12	11.75	8.51	7.23	6.52	6.07	5.76	5.52	5.35	5.20	5.09
15	10.80	7.70	6.48	5.80	5.37	5.07	4.85	4.67	4.54	4.42
20	9.94	6.99	5.82	5.17	4.76	4.47	4.26	4.09	3.96	3.85
24	9.55	6.66	5.52	4.89	4.49	4.20	3.99	3.83	3.69	3.59
30	9.18	6.35	5.24	4.62	4.23	3.95	3.74	3.58	3.45	3.34
40	8.83	6.07	4.98	4.37	3.99	3.71	3.51	3.35	3.22	3.12
60	8.49	5.79	4.73	4.14	3.76	3.49	3.29	3.13	3.01	2.90
120	8.18	5.54	4.50	3.92	3.55	3.28	3.09	2.93	2.81	2.71
∞	7.88	5.30	4.28	3.72	3.35	3.09	2.90	2.74	2.62	2.52

n_2 \ n_1	12	15	20	24	30	40	60	120	∞
1	24426	24630	24836	24940	25044	25148	25253	25359	25464
2	199.42	199.43	199.45	199.46	199.47	199.47	199.48	199.49	199.50
3	43.39	43.08	42.78	42.62	42.47	42.31	42.15	41.99	41.83
4	20.70	20.44	20.17	20.03	19.89	19.75	19.61	19.47	19.32
5	13.38	13.15	12.90	12.78	12.66	12.53	12.40	12.27	12.14
6	10.03	9.81	9.59	9.47	9.36	9.24	9.12	9.00	8.88
7	8.18	7.97	7.75	7.64	7.53	7.42	7.31	7.19	7.08
8	7.01	6.81	6.61	6.50	6.40	6.29	6.18	6.06	5.95
9	6.23	6.03	5.83	5.73	5.62	5.52	5.41	5.30	5.19
10	5.66	5.47	5.27	5.17	5.07	4.97	4.86	4.75	4.64
12	4.91	4.72	4.53	4.43	4.33	4.23	4.12	4.01	3.90
15	4.25	4.07	3.88	3.79	3.69	3.58	3.48	3.37	3.26
20	3.68	3.50	3.32	3.22	3.12	3.02	2.92	2.81	2.69
24	3.42	3.25	3.06	2.97	2.87	2.77	2.66	2.55	2.43
30	3.18	3.01	2.82	2.73	2.63	2.52	2.42	2.30	2.18
40	2.95	2.78	2.60	2.50	2.40	2.30	2.18	2.06	1.93
60	2.74	2.57	2.39	2.29	2.19	2.08	1.96	1.83	1.69
120	2.54	2.37	2.19	2.09	1.98	1.87	1.75	1.61	1.43
∞	2.36	2.19	2.00	1.90	1.79	1.67	1.53	1.36	1.00

附10 柯尔莫哥洛夫检验统计量D_n精确分布的临界值$D_{n,\alpha}$表

$$P\{D_n > D_{n,\alpha}\} = \alpha$$

n \ α	0.20	0.10	0.05	0.02	0.01
1	0.90000	0.95000	0.97500	0.99000	0.99500
2	0.68377	0.77639	0.84189	0.90000	0.92929
3	0.56481	0.63604	0.70760	0.78456	0.82900
4	0.49265	0.56522	0.62394	0.68887	0.73424
5	0.44698	0.50945	0.56328	0.62718	0.66863
6	0.41037	0.46799	0.51926	0.57741	0.61661
7	0.38148	0.43607	0.48342	0.63844	0.57581
8	0.35831	0.40962	0.45427	0.50654	0.54179
9	0.33910	0.38746	0.43001	0.47960	0.51332
10	0.32260	0.36866	0.40925	0.45662	0.48893
11	0.30829	0.35242	0.39122	0.43670	0.46770
12	0.29588	0.33815	0.37543	0.41918	0.44905
13	0.28470	0.32549	0.36143	0.40362	0.43247
14	0.27481	0.31417	0.34890	0.38970	0.41762
15	0.26588	0.30397	0.33760	0.37713	0.40420
16	0.25778	0.29472	0.32733	0.36571	0.39201
17	0.25039	0.28627	0.31796	0.35528	0.38086
18	0.24360	0.27851	0.30936	0.34569	0.37062
19	0.23735	0.27136	0.30143	0.33685	0.36117
20	0.23156	0.26473	0.29403	0.32866	0.35241
21	0.22617	0.25858	0.28724	0.32104	0.34427
22	0.22115	0.25283	0.28087	0.31394	0.33666
23	0.21645	0.24746	0.27490	0.30728	0.32954
24	0.21206	0.24242	0.26931	0.30104	0.32286
25	0.20790	0.23768	0.26404	0.29516	0.31657
26	0.20399	0.23320	0.25907	0.28962	0.31064
27	0.20030	0.22898	0.25438	0.28438	0.30502
28	0.19680	0.22497	0.24993	0.27942	0.29971

续表

n \ α	0.20	0.10	0.05	0.02	0.01
29	0.19343	0.22117	0.24571	0.27471	0.29466
30	0.19032	0.21756	0.24170	0.27023	0.28987
31	0.18732	0.21412	0.23788	0.26596	0.28530
32	0.18445	0.21085	0.23424	0.26189	0.28094
33	0.18171	0.20771	0.23076	0.25801	0.27677
34	0.17909	0.20472	0.22743	0.25429	0.27279
35	0.17659	0.20185	0.22425	0.25073	0.26897
36	0.17418	0.19910	0.22119	0.24732	0.26532
37	0.17188	0.19646	0.21826	0.24401	0.26180
38	0.16966	0.19392	0.21544	0.24089	0.25843
39	0.16753	0.19148	0.21273	0.23786	0.25518
40	0.16547	0.18913	0.21012	0.23494	0.25205
41	0.16349	0.18687	0.20760	0.23213	0.24904
42	0.16158	0.18468	0.20517	0.22941	0.24613
43	0.15974	0.18257	0.20283	0.22679	0.24332
44	0.15796	0.18053	0.20056	0.22426	0.24060
45	0.15623	0.17856	0.19837	0.22181	0.23798
46	0.15457	0.17665	0.19625	0.21944	0.23544
47	0.15295	0.17481	0.19420	0.21715	0.23298
48	0.15139	0.17302	0.19221	0.21493	0.23059
49	0.14987	0.17128	0.19028	0.21277	0.22828
50	0.14840	0.16959	0.18841	0.21068	0.22604
55	0.14164	0.16186	0.17981	0.20107	0.21574
60	0.13573	0.15511	0.17231	0.19267	0.20673
65	0.13052	0.14913	0.16567	0.18525	0.19877
70	0.12586	0.14381	0.15975	0.17863	0.19167
75	0.12167	0.13901	0.15442	0.17268	0.18528
80	0.11787	0.13467	0.14960	0.16728	0.17949
85	0.11442	0.13072	0.14520	0.16236	0.17421
90	0.11125	0.12709	0.14117	0.15786	0.16938
95	0.10833	0.12375	0.13746	0.15371	0.16493
100	0.10563	0.12067	0.13403	0.14987	0.16081

附11　　柯尔莫哥洛夫检验统计量 D_n 极限分布函数表

$$\lim_{n \to +\infty} P\{\sqrt{n}D_n \leqslant z\} = K(z), \quad z \geqslant 0 = 1 - 2\sum_{i=1}^{+\infty}(-1)^{i-1}e^{-2i^2z^2}$$

z	0.00	0.01	0.02	0.03	0.04	0.05	0.06	0.07	0.08	0.09
0.3	0.0000	0.0000	0.0001	0.0001	0.0002	0.0003	0.0005	0.0008	0.0013	0.0019
0.4	0.0028	0.0040	0.0055	0.0074	0.0097	0.0126	0.0160	0.0200	0.0247	0.0300
0.5	0.0361	0.0428	0.0503	0.0585	0.0675	0.0772	0.0876	0.0987	0.1104	0.1228
0.6	0.1357	0.1492	0.1632	0.1772	0.1927	0.2080	0.2236	0.2396	0.2558	0.2722
0.7	0.2888	0.3055	0.3223	0.3391	0.3560	0.3728	0.3896	0.4064	0.4230	0.4395
0.8	0.4559	0.4720	0.4880	0.5038	0.5194	0.5347	0.5497	0.5646	0.5791	0.5933
0.9	0.6073	0.6209	0.6343	0.6473	0.6601	0.6725	0.6846	0.6964	0.7079	0.7191
1.0	0.7300	0.7406	0.7508	0.7608	0.7704	0.7798	0.7889	0.7976	0.8061	0.8143
1.1	0.8223	0.8300	0.8374	0.8445	0.8514	0.8580	0.8644	0.8706	0.8766	0.8823
1.2	0.8878	0.8930	0.8981	0.9030	0.9076	0.9121	0.9164	0.9206	0.9245	0.9283
1.3	0.9319	0.9254	0.9387	0.9419	0.9449	0.9478	0.9505	0.9531	0.9557	0.9580
1.4	0.9603	0.9625	0.9646	0.9665	0.9684	0.9702	0.9719	0.9735	0.9750	0.9764
1.5	0.9778	0.9791	0.9803	0.9815	0.9826	0.9836	0.9846	0.9855	0.9864	0.9873
1.6	0.9881	0.9888	0.9395	0.9902	0.9908	0.9914	0.9919	0.9924	0.9929	0.9934
1.7	0.9938	0.9942	0.9946	0.9950	0.9953	0.9956	0.9959	0.9962	0.9965	0.9967
1.8	0.9969	0.9972	0.9974	0.9975	0.9797	0.9979	0.9980	0.9982	0.9983	0.9984
1.9	0.9985	0.9986	0.9987	0.9988	0.9989	0.9990	0.9991	0.9992	0.9991	0.9993

z	0.00	0.01	0.02	0.03	0.04
2.0	0.999329	0.999380	0.999428	0.999474	0.999516
2.1	0.999705	0.999728	0.999750	0.999770	0.999790
2.2	0.999874	0.999886	0.999896	0.999904	0.999912
2.3	0.999949	0.999954	0.999958	0.999962	0.999965
2.4	0.999980	0.999982	0.999984	0.999986	0.999987

z	0.05	0.06	0.07	0.08	0.09
2.0	0.999552	0.999588	0.999620	0.999650	0.999680
2.1	0.999806	0.999822	0.999838	0.999852	0.999864
2.2	0.999920	0.999926	0.999934	0.999940	0.999944
2.3	0.999968	0.999970	0.999973	0.999976	0.999978
2.4	0.999988	0.999988	0.999990	0.999991	0.999992

附12　　斯米尔诺夫检验统计量$D_{n,\,n}$的临界值表

$$P\{D_{n,\,n} > D_{n,\,n,\,\alpha}\} = \alpha$$

n \ α	0.20	0.10	0.05	0.02	0.01
3	2/3	2/3			
4	3/4	3/4	3/4		
5	3/5	3/5	4/5	4/5	4/5
6	3/6	4/6	4/6	5/6	5/6
7	4/7	4/7	5/7	5/7	5/7
8	4/8	4/8	5/8	5/8	6/8
9	4/9	5/9	5/9	6/9	6/9
10	4/10	5/10	6/10	6/10	7/10
11	5/11	5/11	6/11	7/11	7/11
12	5/12	5/12	6/12	7/12	7/12
13	5/13	6/13	6/13	7/13	8/13
14	5/14	6/14	7/14	7/14	8/14
15	5/15	6/15	7/15	8/15	8/15
16	6/16	6/16	7/16	8/16	9/16
17	6/17	7/17	7/17	8/17	9/17
18	6/18	7/18	8/18	9/18	9/18
19	6/19	7/19	8/19	9/19	9/19
20	6/20	7/20	8/20	9/20	10/20
21	6/21	7/21	8/21	9/21	10/21
22	7/22	8/22	8/22	10/22	10/22
23	7/23	8/23	9/23	10/23	10/23
24	7/24	8/24	9/24	10/24	11/24
25	7/25	8/25	9/25	10/25	11/25
26	7/26	8/26	9/26	10/26	11/26
27	7/27	8/27	9/27	11/27	11/27
28	8/28	9/28	10/28	11/28	12/28
29	8/29	9/29	10/29	11/29	12/29
30	8/30	9/30	10/30	11/30	12/30
31	8/31	9/31	10/31	11/31	12/31
32	8/32	9/32	10/32	12/32	12/32
34	8/34	10/34	11/34	12/34	13/34
36	9/36	10/36	11/36	12/36	13/36
38	9/38	10/38	11/38	13/38	14/38
40	9/40	10/40	12/40	13/40	14/40
对 $n>40$ 的近似	$\dfrac{1.52}{\sqrt{n}}$	$\dfrac{1.73}{\sqrt{n}}$	$\dfrac{1.92}{\sqrt{n}}$	$\dfrac{2.15}{\sqrt{n}}$	$\dfrac{2.30}{\sqrt{n}}$

附13 Spearman秩相关系数r_{XY}的临界值表

$$P\{|r_{XY}| > c_\alpha(n)\} = \alpha$$

n \ α	0.10	0.05	0.01	0.005	0.001	n \ α	0.10	0.05	0.01	0.005	0.001
4	1.000										
5	0.900	1.000									
6	0.829	0.886	1.000	1.000		51	0.233	0.276	0.359	0.390	0.451
7	0.714	0.786	0.929	0.964	1.000	52	0.231	0.274	0.356	0.386	0.447
8	0.643	0.738	0.881	0.905	0.976	53	0.228	0.271	0.352	0.382	0.443
9	0.600	0.700	0.833	0.867	0.933	54	0.226	0.268	0.349	0.379	0.439
10	0.564	0.648	0.794	0.830	0.903	55	0.224	0.266	0.346	0.375	0.435
11	0.536	0.618	0.755	0.800	0.873	56	0.222	0.264	0.343	0.372	0.432
12	0.503	0.587	0.727	0.769	0.846	57	0.220	0.261	0.340	0.369	0.428
13	0.484	0.560	0.703	0.747	0.824	58	0.218	0.259	0.337	0.366	0.424
14	0.464	0.538	0.679	0.723	0.802	59	0.216	0.257	0.334	0.363	0.421
15	0.446	0.521	0.654	0.700	0.779	60	0.214	0.255	0.331	0.360	0.418
16	0.429	0.503	0.635	0.679	0.762	61	0.213	0.252	0.329	0.357	0.414
17	0.414	0.485	0.615	0.662	0.748	62	0.211	0.250	0.326	0.354	0.411
18	0.401	0.472	0.600	0.643	0.728	63	0.209	0.248	0.323	0.351	0.408
19	0.391	0.460	0.584	0.628	0.712	64	0.207	0.246	0.321	0.348	0.405
20	0.380	0.447	0.570	0.612	0.696	65	0.206	0.244	0.318	0.346	0.402
21	0.370	0.435	0.556	0.599	0.681	66	0.204	0.243	0.316	0.343	0.399
22	0.361	0.425	0.544	0.586	0.667	67	0.203	0.241	0.314	0.341	0.396
23	0.353	0.415	0.532	0.573	0.654	68	0.201	0.239	0.311	0.338	0.393
24	0.344	0.406	0.521	0.562	0.642	69	0.200	0.237	0.309	0.336	0.390
25	0.337	0.398	0.511	0.551	0.630	70	0.198	0.235	0.307	0.333	0.388
26	0.331	0.390	0.501	0.541	0.619	71	0.197	0.234	0.305	0.331	0.385
27	0.324	0.382	0.491	0.531	0.608	72	0.195	0.232	0.303	0.329	0.382
28	0.317	0.375	0.483	0.522	0.598	73	0.194	0.230	0.301	0.327	0.380
29	0.312	0.368	0.475	0.513	0.589	74	0.193	0.229	0.299	0.340	0.377
30	0.306	0.362	0.467	0.504	0.580	75	0.191	0.227	0.297	0.322	0.375
31	0.301	0.356	0.459	0.496	0.571	76	0.190	0.226	0.295	0.320	0.372
32	0.296	0.350	0.452	0.489	0.563	77	0.189	0.224	0.293	0.318	0.370
33	0.291	0.345	0.446	0.482	0.554	78	0.188	0.223	0.291	0.316	0.368
34	0.287	0.340	0.439	0.475	0.547	79	0.186	0.221	0.289	0.314	0.365
35	0.283	0.335	0.433	0.468	0.539	80	0.185	0.220	0.287	0.312	0.363
36	0.279	0.330	0.427	0.462	0.533	81	0.184	0.219	0.285	0.310	0.361
37	0.275	0.325	0.421	0.456	0.526	82	0.193	0.217	0.284	0.308	0.359
38	0.271	0.321	0.415	0.450	0.519	83	0.182	0.216	0.282	0.306	0.357
39	0.267	0.317	0.410	0.444	0.513	84	0.181	0.215	0.280	0.305	0.355
40	0.264	0.313	0.405	0.439	0.507	85	0.180	0.213	0.279	0.303	0.353
41	0.261	0.309	0.400	0.433	0.501	86	0.179	0.212	0.277	0.301	0.351
42	0.257	0.305	0.395	0.428	0.495	87	0.177	0.211	0.276	0.299	0.349
43	0.254	0.301	0.391	0.423	0.490	88	0.176	0.210	0.274	0.298	0.347
44	0.251	0.298	0.386	0.419	0.484	89	0.175	0.209	0.272	0.296	0.345
45	0.248	0.294	0.382	0.414	0.479	90	0.174	0.207	0.271	0.294	0.343
46	0.246	0.291	0.378	0.410	0.474	91	0.173	0.206	0.269	0.293	0.341
47	0.243	0.288	0.374	0.405	0.469	92	0.173	0.205	0.268	0.291	0.339
48	0.240	0.285	0.370	0.401	0.465	93	0.172	0.204	0.267	0.290	0.338
49	0.238	0.282	0.366	0.397	0.460	94	0.171	0.203	0.265	0.288	0.336
50	0.235	0.279	0.363	0.393	0.456	95	0.170	0.202	0.264	0.287	0.334
						96	0.169	0.201	0.262	0.285	0.332
						97	0.168	0.200	0.261	0.284	0.331
						98	0.167	0.199	0.260	0.282	0.329
						99	0.166	0.198	0.258	0.281	0.327
						100	0.165	0.197	0.257	0.279	0.326

附14　秩和检验的临界值表

$$P\{R_1 \leqslant r_{11}\} = \frac{\alpha}{2}; \ P\{R_1 \geqslant r_{12}\} = \frac{\alpha}{2}; \ P\{r_{11} < R_1 < r_{12}\} = 1 - \alpha$$

n_1	n_2	r_{11}	r_{12}	α	r_{11}	r_{12}	α	r_{11}	r_{12}	α
2	4							3	11	0.133
	5							3	13	0.094
	6				3	15	0.072	4	14	0.142
	7				3	17	0.056	4	16	0.112
	8				3	19	0.044	4	18	0.088
	9				3	21	0.036	4	20	0.072
	10	3	23	0.030	4	22	0.060	5	21	0.122
3	3							6	15	0.100
	4				6	18	0.056	7	17	0.114
	5				6	21	0.036	7	20	0.072
	6				7	23	0.048	8	22	0.096
	7	7	26	0.034	8	25	0.066	9	24	0.116
	8				8	28	0.048	9	27	0.084
	9	8	31	0.036	9	30	0.064	10	29	0.100
	10	9	33	0.048	10	32	0.076	11	31	0.112
4	4	10	26	0.028	11	25	0.058	12	24	0.114
	5	11	29	0.032	12	28	0.064	13	27	0.112
	6	12	32	0.038	13	31	0.066	14	30	0.114
	7	13	35	0.042	14	34	0.072	15	33	0.110
	8	14	38	0.048	15	37	0.072	16	36	0.110
	9	15	41	0.050	16	40	0.076	17	39	0.106
	10	16	44	0.052	17	43	0.076	18	42	0.106
5	5	17	38	0.032	18	37	0.056	19	36	0.096
	6				19	41	0.052	20	40	0.082
	7	20	45	0.048	21	44	0.074	22	43	0.106
	8				21	49	0.046	23	47	0.094
	9	22	53	0.042	24	51	0.082	25	50	0.112
	10	23	57	0.040	24	56	0.056	26	54	0.100
6	6				26	52	0.042	28	50	0.094
	7				28	56	0.052	30	54	0.102
	8	29	61	0.042	31	59	0.082	32	58	0.108
	9				31	65	0.050	33	63	0.088
	10	32	70	0.042	33	69	0.056	35	67	0.094
7	7				37	68	0.054	39	66	0.098
	8				39	73	0.054	41	71	0.094
	9				41	78	0.054	43	76	0.090
	10	42	84	0.044	43	83	0.056	45	81	0.088
8	8				49	87	0.050	52	84	0.104
	9				51	93	0.046	54	90	0.092
	10				54	98	0.054	57	95	0.102
9	9				63	108	0.050	66	105	0.094
	10				66	114	0.054	69	111	0.094
10	10	79	131	0.052	82	128	0.090	83	127	0.106

附15　随机数表

64 85 88 15 25	14 67 94 55 59	99 78 27 94 92	49 10 22 52 99	07 14 38 97 10
57 59 93 54 99	69 90 81 32 02	17 77 23 94 97	50 43 51 62 03	04 22 76 97 85
88 09 13 15 80	79 27 60 94 12	31 09 74 48 92	32 84 87 22 42	05 98 13 85 88
70 78 61 53 56	05 68 31 49 31	32 39 25 09 41	78 53 67 06 04	97 00 11 78 54
00 19 80 79 78	27 50 48 59 30	10 04 45 28 60	12 88 26 33 03	67 96 66 39 32
83 09 45 94 14	72 31 85 38 10	53 16 82 95 28	24 18 52 89 38	83 58 01 81 46
72 52 60 18 74	90 37 48 74 40	08 04 45 94 19	66 26 83 46 54	36 66 81 36 05
66 34 18 79 38	72 06 26 04 57	68 13 44 17 06	00 96 18 38 61	05 98 78 11 96
30 73 52 08 00	48 00 50 37 67	81 21 52 28 98	13 41 62 77 09	93 76 62 12 96
28 52 33 64 78	73 51 75 33 48	91 88 19 21 49	68 14 57 46 28	91 92 45 64 40
68 56 75 54 07	65 97 46 82 30	82 93 20 09 46	81 36 60 26 70	55 29 36 35 49
14 51 50 41 91	70 43 78 21 46	73 62 04 80 94	09 45 73 18 38	01 64 52 09 77
65 60 13 60 72	19 70 23 93 39	66 25 12 45 27	91 91 29 46 70	96 22 85 13 22
32 24 47 75 57	08 89 93 57 54	25 77 31 24 31	95 01 30 31 26	40 12 63 38 10
89 15 83 17 20	51 87 14 93 01	32 46 69 43 15	50 05 74 28 61	21 00 14 73 57
78 40 80 80 68	03 62 61 89 09	70 28 04 84 99	51 05 99 77 15	45 54 20 73 81
71 95 08 32 33	13 99 66 87 81	33 84 41 00 61	93 95 88 07 92	21 63 00 05 88
22 74 63 61 45	92 94 36 42 42	77 45 06 16 58	42 35 58 44 00	94 93 25 16 26
82 85 22 63 67	21 63 73 17 28	04 32 95 19 12	80 72 11 26 17	51 34 44 57 07
72 70 31 98 73	88 83 60 36 76	11 80 67 80 13	81 09 06 77 69	83 23 88 76 79
43 66 50 60 56	46 07 58 04 29	52 60 63 91 05	27 35 62 01 34	19 30 00 31 40
84 76 85 54 32	28 04 07 13 79	34 17 49 69 92	49 40 23 24 01	57 10 62 48 55
1 75 50 24 94	38 40 62 50 58	30 75 59 02 88	72 16 36 73 75	83 55 48 46 81
66 16 59 11 89	30 88 17 10 79	15 33 39 94 44	98 35 78 12 79	00 21 66 91 09
58 03 37 33 97	17 97 75 13 78	95 44 65 10 34	66 90 44 84 36	09 48 44 64 52

参考文献

[1] 曹晋华，程侃著. 可靠性数学引论[M]. 修订版. 北京：高等教育出版社，2012.

[2] 陈家鼎，孙山泽，李东风，等. 数理统计学讲义[M]. 3版. 北京：高等教育出版社，2015.

[3] 陈希孺. 数理统计引论[M]. 北京:科学出版社，2007.

[4] 复旦大学. 概率论[M]. 北京：人民教育出版社，1979.

[5] 李金平. 应用数理统计[M]. 河南：河南大学出版社，1992.

[6] 陆璇. 数理统计基础[M]. 北京：清华大学出版社，2005.

[7] 茆诗松，程依明，濮晓龙. 概率论与数理统计教程[M]. 2版. 北京：高等教育出版社，2011.

[8] 茆诗松，吕晓玲. 数理统计学[M]. 2版. 北京：中国人民大学出版社，2016.

[9] 茆诗松，王静龙，濮晓龙. 高等数理统计[M]. 2版. 北京：高等教育出版社，2006.

[10] 盛骤，谢式千，潘承毅. 概率论与数理统计[M]. 4版. 北京：高等教育出版社，2008.

[11] 王静龙，梁小筠. 非参数统计分析[M]. 北京：高等教育出版社，2006.

[12] 王梓坤. 概率论基础及其应用[M]. 3版. 北京：北京师范大学出版社，2007.

[13] 魏宗舒等. 概率论与数理统计教程[M]. 2版. 北京：高等教育出版社，2008.

[14] 中山大学数学力学系《概率论及数理统计》编写小组. 概率论与数理统计[M]. 北京：高等教育出版社，1980.

[15] CASELLA G，BERGER R L. 统计推断[M]. 英文版，原版书第2版. 北京：机械工业出版社，2002.

[16] LEHMANN E L，ROMANO J P. Testing statistical hypotheses[M]. Third Edition. New York：Springer Science+Bussiness Media, Inc，2005.

[17] ZACKS S. Theory of statistical inference (Probability & Mathematical Statistics) [M]. New York：John Wiley & Sons Inc，1971.

[18] GLIVENKO V. Sulla determinazione empirica della legge di probabilita[J]. Giorn. Ist. Ital. Attuari.，1933，4：92-99.